i Robinson / Letture

Marco Malvaldi
Dino Leporini

Capra e calcoli

L'eterna lotta tra gli algoritmi e il caos

Editori Laterza

www.laterza.it

Prima edizione giugno 2014

Edizione
2 3 4 5 6

Anno
2014 2015 2016 2017 2018 2019

Questo libro è stampato
su carta amica delle foreste

Stampato da
SEDIT - Bari (Italy)
per conto della
Gius. Laterza & Figli Spa
ISBN 978-88-581-1192-5

a Samantha,
base dell'iceberg
di cui sono solo la punta

a Graziella,
compagna forte e paziente

Indice del volume

Capra e calcoli

L'eterna lotta tra gli algoritmi e il caos

Uno specchio efficientissimo

Nel 1921, il pittore surrealista francese Philippe Soupault espose un quadro dal titolo *Ritratto di un imbecille*. Si trattava di uno specchio incorniciato.

Lungi dal dare degli idioti agli astanti, il messaggio di Soupault era piuttosto chiaro: uno specchio non fa altro che riflettere il tuo aspetto, quindi se sei così fesso da aspettarti di riconoscere in un ritratto le caratteristiche della stupidità probabilmente non ti stai comportando in modo troppo furbo, no?

Un computer funziona esattamente nello stesso modo: riflette in modo pedissequo, e univoco, quello che noi gli diciamo di fare. Così come lo specchio obbedisce alle leggi dell'ottica, il computer obbedisce a quelle dell'informatica.

Ciò che il computer sa fare è rispondere alle domande *che l'uomo gli pone* attraverso dei programmi *scritti dall'uomo stesso*. Un compito che potremmo svolgere anche noi, e che il computer sa fare molto più velocemente di noi, e...

Senza commettere errori, verrebbe la tentazione di dire.

Non proprio.

Il computer sa svolgere il compito in modo fedele alle nostre istruzioni. Se le nostre istruzioni contengono errori, il computer farà un errore. Se le nostre istruzioni contengono omissioni, il computer andrà in bambola.

Nell'antica Grecia, i filosofi potevano permettersi di frequentare l'agorà e di discutere di problemi che avrebbero cambiato il mondo per sempre: tanto, a coltivare i campi e a cucinare ci pensavano gli schiavi. Poi, fortunatamente, le concezioni sugli esseri umani sono cambiate. Oggi, abbiamo a disposizione uno schiavo efficientissimo, velocissimo e (ricordiamocelo) fedele alle nostre istruzioni. Che rifletterà, quindi, il nostro comportamento. Qualunque esso sia.

Problemi di carbonio, soluzioni di silicio

1. L'intuito potrebbe non bastare

Nel settembre 1990, la rivista "Parade" dovette fronteggiare un problema causato da una delle proprie rubriche. Alla rivista, infatti, erano arrivate circa diecimila lettere di protesta, alcune decisamente minacciose, in seguito alla risposta data da una delle collaboratrici, Marilyn vos Savant, alla domanda di una lettrice. La cosa curiosa, essendo "Parade" un rotocalco che si occupa principalmente di celebrità, è che le lettere di protesta erano in gran parte di matematici. Matematici che si dicevano sgomenti per le dichiarazioni della vos Savant.

Che cosa aveva mai detto questa donna? Aveva risposto alla seguente domanda, ispirata ad un quiz a premi condotto dal famoso presentatore televisivo Monty Hall:

Supponiamo che al concorrente di un quiz a premi vengano mostrate tre porte chiuse: dietro a una di queste c'è un'auto di lusso, dietro le altre due ci sono due capre. Dopo che il concorrente ha scelto una porta, il presentatore (che sa cosa c'è dietro ciascuna porta) apre una delle altre due, mostrando una capra. Dopodiché, chiede al concorrente se vuole cambiare la scelta fatta, e scegliere l'altra porta ancora chiusa. Al concorrente conviene cambiare?

Sembra una domanda piuttosto scema. In fondo, dietro alle due porte rimaste ci sono rispettivamente un'auto e una capra. Ho una possibilità su due di vincere l'auto se tengo la porta che ho scelto, e una possibilità su due di vincere l'auto se invece la cambio. Allora, la probabilità di vincere sembrerebbe essere del 50%, sia che uno tenga la porta che ha scelto in precedenza, sia che la cambi. Per cui, al concorrente non conviene cambiare; o, meglio, se cambia o meno, la cosa sembrerebbe essere del tutto indifferente.

Marilyn vos Savant, invece, dette una risposta completamente diversa. Disse che conveniva cambiare porta.

Da qui, le decine di migliaia di lettere di protesta (alcune da parte di matematici famosi, come l'ungherese Pál Erdős) che, nei toni più disparati, la pregavano di fare ammenda, la insultavano per la sua stupidità o minacciavano ritorsioni nel caso in cui non avesse fatto marcia indietro sul proprio giornale, ammettendo di avere torto; cosa che Marilyn non fece mai.

Per fortuna, visto che aveva perfettamente ragione.

Capisco benissimo il vostro sgomento, nel caso in cui lo proviate. Ma le cose stanno così: al concorrente conviene cambiare porta. Per dimostrarvelo, avrei due possibilità.

La prima sarebbe di imbarcarci in una dimostrazione formale basata sul calcolo delle probabilità condizionali, che si fonda sul principio dello spazio campionario: tutte nozioni note ai meno, per cui credo che mi perdonerete se rifuggo da questa possibilità.

La seconda è quella di mostrare le conseguenze della scelta di cambiare porta attraverso un caro, vecchio esempio.

Supponiamo che la riga qui sotto rappresenti la disposizione dei possibili premi; dato che siamo in Italia, come automobile metteremo una Ferrari, e invece della capra metteremo un cd di Toto Cutugno.

Partiremo da una singola disposizione degli oggetti, ovviamente: ma, come si può facilmente verificare, il risultato è indipendente dalla particolare disposizione dei premi (o, in altre parole, ogni possibile disposizione condurrebbe allo stesso risultato).

La nostra scelta, in particolare, sarà la seguente:

Premio:	Ferrari	Toto	Toto
Porta:	1	2	3

Prendiamo ora due tipologie di concorrenti: uno, che chiameremo Ferdinando, è un tipo conservatore, rigido e tutto d'un pezzo, il quale decide che terrà sempre la porta scelta. L'altro, che chiameremo Isabella, è una ragazza mite e dolce, portata ad esplorare sempre nuovi territori, la quale decide che invece cambierà sempre la porta scelta.

Adesso, per capire meglio il gioco, non daremo ai nostri concorrenti la possibilità di giocare una volta sola: siccome siamo generosi, e siccome la Ferrari di cui stiamo parlando è di carta (e, grazie a Dio, anche il cd di Toto Cutugno), diamo loro la possibilità di giocare cento volte.

Mettiamo ora in tabella tutto il possibile ventaglio di scelte a disposizione del nostro concorrente. Teniamo conto che il presentatore, quando apre la porta, mostra sempre il cd, e guardiamo tutte le possibili evoluzioni temporali che si possono sviluppare a partire dalla scelta di partenza.

Porta scelta inizialmente	Porta aperta dal presentatore	Porta scelta definitivamente FERDINANDO	Vinco?
1	2 o 3	1	SÌ
2	3	2	NO
3	2	3	NO

A qualcuno potrebbe sembrare scorretto che io consideri come caso singolo quello nella prima riga; non devo trattare come due casi distinti il fatto che il presentatore apra la porta 2 o la porta 3? Sagace osservazione.

In realtà, se lo facessi, dovrei considerare che il presentatore ha, nel caso che il concorrente scelga la porta 1 (dove c'è la Ferrari), due opzioni, per cui nel 50% dei casi sceglierà l'una e nel 50% l'altra. Le due scelte avranno quindi una probabilità del 50% di realizzarsi, le quali – se sommate – daranno come totale un bel 100%; tutte le volte che Ferdinando scommette su 1, il presentatore aprirà la porta 2 nella metà delle scommesse circa, e la porta 3 nell'altra metà.

Nel caso invece in cui il concorrente all'inizio scommetta sulla porta 2, il presentatore è forzato ad aprire la 3; analogamente, ogni volta che Ferdinando all'inizio scommette su 2, nella totalità dei casi il presentatore aprirà la porta 3.

Come vediamo dalla tabella, Ferdinando vince una volta ogni tre che scommette. Le altre due volte, invece, torna a casa con in tasca l'accattivante compilation "Toto – Il meno peggio".

Consideriamo adesso che cosa accade quando a giocare è Isabella.

Porta scelta inizialmente	Porta aperta dal presentatore	Porta scelta definitivamente ISABELLA	Vinco?
1	2 o 3	3 o 2	NO
2	3	1	SÌ
3	2	1	SÌ

Acc. Sembra che Isabella, con la sua mania di cambiare per forza, vinca due volte su tre che gioca. Com'è possibile?

Prima di andare sulla spiegazione, vorrei chiedervi se siete veramente convinti del risultato che vi ho appena esposto. Se non lo siete, non è il caso di preoccuparvi: siete in ottima compagnia. Come abbiamo visto sopra, fior di matematici hanno ricoperto la povera Marilyn di contumelie senza rendersi conto che aveva ragione. Piuttosto, io vi proporrei di provare a riprodurre, con oggetti concreti, il risultato che abbiamo appena esposto in tabella. In pratica, vi proporrei di fare una *simulazione*.

Potete farlo con il cellulare e due scontrini (se siete in treno), con una forchetta e due coltelli (se siete a tavola; certo però che leggere a tavola è da maleducati) o con quello che vi pare. Provate a scegliere un oggetto, escludere uno dei due oggetti perdenti, e tenere l'oggetto scelto; poi provate a fare il contrario, cambiando l'oggetto scelto dopo aver escluso uno dei due oggetti perdenti.

Fatto? Benissimo. Allora, per quale cavolo di motivo si verifica questa cosa?

Il motivo sta nel fatto che il presentatore sa dove si trovano gli oggetti, e ogni volta che vi apre la porta *vi mostra una capra*. È come se vi stesse dicendo: occhio, tra le due porte su cui non hai scommesso all'inizio, sto aprendo questa porta qui, e non l'altra. In altre parole, *c'è solo il cinquanta per cento di probabilità che dietro la porta che nessuno dei due ha scelto ci sia una capra*. Mentre invece, quando hai scommesso all'inizio, senza il mio aiuto, c'era il 66,6% di probabilità che dietro la porta che hai scelto ci fosse una capra. Cinquanta è meno di sessantasei. Ti ho dato una mano. Il presentatore, con la sua conoscenza, influisce sul gioco, fornendoci una informazione ulteriore.

Per capire meglio, estremizziamo la situazione: supponiamo che le porte siano cento, invece di tre. E supponiamo che, dopo che avete effettuato la vostra scelta, il presentatore apra *tutte le porte dove c'è una capra, tranne una*. E tranne la vostra, ovviamente. In pratica, novantotto porte. A questo punto, all'inizio avete scelto con una probabilità di uno su cento; adesso, dopo che il presentatore ha aperto le restanti porte tranne una, non è che per caso avete la sensazione che dietro la porta che né voi, né soprattutto lui, avete scelto ci potrebbe quasi sicuramente essere un'auto?

Se è così, avete ragione: perché ci sono all'incirca 99 probabilità su 100 che dietro la porta in questione ci sia una Ferrari.

1. *Il nostro cervello non è fatto per le probabilità*

Quando ho sentito parlare per la prima volta del problema di Monty Hall, credo di essermi fatto rispiegare la soluzione quattro o cinque volte. Poi, con la sicumera tipica dei tardo adolescenti, sono tornato a casa e ho tentato di spiegare lo stesso problema a mia madre, pur nella consapevolezza di non averlo capito del tutto. Quello che speravo, in realtà, era che mia madre (che è laureata in matematica, e che grazie a decenni di insegnamento all'ITIS farebbe capire l'algebra anche a un cirripede) trovasse l'arcano e me lo svelasse.

In realtà, nemmeno lei seppe dare la risposta corretta al problema, e insisteva che la probabilità di vincere era del cinquanta per cento sia che la porta venisse cambiata, sia che venisse tenuta. Per cui, a un certo punto, ci siamo messi a giocare.

Io ho nascosto due forchette e un coltello sotto a tre tovaglioli; coltello vince, forchetta perde. Abbiamo deciso di interpretare due ruoli: lei avrebbe sempre tenuto la porta, io l'avrei sempre cambiata. Dapprima, ha cominciato lei.

Mia madre sceglieva, io giravo e facevo vedere una forchetta, e lei teneva la porta scelta. Poi abbiamo invertito i ruoli: io sceglievo, lei faceva vedere una forchetta, e io cambiavo. Abbiamo giocato dieci volte a testa. E, inevitabilmente, siamo passati più volte dalla stessa situazione: in fondo, ognuno di noi due aveva tre opzioni a disposizione, e dieci è maggiore di tre. Mia madre ha vinto tre volte, io sette.

Ma la cosa per me più sorprendente è stata che, mentre giocavamo, ho capito. O meglio: formalmente avevo capito anche prima, ma non ero per niente convinto. Giocando nel ruolo del presentatore, ogni volta che mia madre sceglieva la porta sbagliata (cioè, due volte su tre) e poi, di fronte alla mia gentile offerta di cambiare, decideva di tenere la porta, faticavo a trattenere un sorriso di commiserazione. Da dietro ai tovaglioli, conoscendo i valori di tutte le variabili in ballo, mi sono convinto nel corso del gioco che il risultato che stava crescendo di fronte ai miei occhi non poteva essere solo frutto del caso.

Vorrei che questo punto fosse chiaro; sono stato in grado di convincermi della spiegazione giusta solo di fronte ad un esplicito *calcolo*, ripetuto nel tempo, dell'effetto della scelta in questione. Per questo motivo, nel paragrafo precedente, vi ho suggerito di simulare la situazione, invece di pensarci; io sono stato in grado di convincermi della validità della soluzione solo in questo modo.

2. *La simulazione: un modo efficace per accettare la realtà*

Rispetto alla dimostrazione formale, di cui sopra è stata data una vaga idea, questo calcolo ha un aspetto piuttosto diverso. In pratica, il calcolo di un insieme di probabilità, cioè di un certo numero di quantità frazionarie (o, se preferite, di una percentuale) le quali devono essere calcolate *simultaneamente*, è stato sostituito con una sequenza temporale. In altre parole, l'aspetto probabilistico è stato riprodotto grazie alla ripetizione della scommessa per un certo numero di giocate successive (che, per ogni giocata, dà sempre un risultato discreto: o vinco, o perdo) che si susseguono nel tempo, e sommando alla fine il numero discreto di risultati positivi e negativi.

Io credo che questa conversione, questa trafilatura dello spazio delle probabilità in un filo temporale da seguire, in uno spaghetto con una direzione, sia stata essenziale per la mia comprensione. Qui di seguito, vorrei spiegare perché.

Sul fatto che sia difficile, per noi umani, calcolare o addirittura stimare le probabilità di un evento, la cosa sembra essere ormai acclarata: come diceva Bruce Schechter, "i nostri cervelli non sembrano essere programmati molto bene per risolvere questioni di probabilità". Ma un risultato che ci sfugge se esposto da altri in forma teorica può, molto spesso, diventare comprensibile se, in prima persona, ci mettiamo a giocare con il problema che ci angustia fino a trovare una soluzione per via pratica. È un qualcosa che facciamo da sempre: in fondo, da bambini prendiamo confidenza col mondo e impariamo le regole strane degli adulti proprio giocando, e ripetendo un gran numero di volte lo stesso esperimento prima di convincerci che funziona.

E, molto spesso, come bambini ci troviamo di fronte a problemi di natura probabilistica. Che probabilità c'è che babbo si arrabbi se cambio canale per scherzo all'improvviso, oppure che si metta a ridere? (Dipende: quasi sempre si metterà a ridere, ma se cambio canale quando ci sono i tizi in mutandoni che giocano a pallone a volte potrebbe anche non ridere, e se uno dei tizi indossa una casacca granata e sta per tirare una cosa che si chiama "rigore" quasi sicuramente babbo si arrabbierà.)

Quando, alla centesima volta che nostro figlio ripete lo stesso esperimento o ci fa la medesima domanda, reagiamo in modo esasperato, dovremmo tenere in considerazione il fatto che una cosa che ci appare scontata, intuitiva, per lui non lo è affatto.

(Pensate solo a questo: quando un bambino ci chiede per venti volte "possiamo andare allo zoo?" e dopo il nostro no ci richiede "adesso possiamo?", significa che per lui è cambiato qualcosa. Per noi quel cambiamento è irrilevante, ma per lui no. Ma, dopo avercelo chiesto settecento volte, e aver ricevuto sempre la stessa risposta, di solito il bambino registra: non capisco perché, ma sembra che tutte le cose meravigliose che sono successe nel frattempo – papà ha risposto al telefono, si è messo le scarpe, ha bevuto il caffè – non abbiano influenzato la risposta.)

In pratica, il nostro intuito funziona per abitudine. E quando dobbiamo affrontare problemi sui quali non conosciamo alcune variabili, sui quali non possediamo informazione completa, tendiamo ad affidarci all'intuito.

Inoltre, noi apprendiamo le nostre abitudini in modo *sequenziale*: ovvero le suddividiamo in una catena lineare di eventi, nella quale il *prima* determina il *dopo*. Se non mi credete, provate a recitare l'alfabeto. Fatto? Benissimo. Ora provate a recitarlo al contrario. Un po' più difficile, vero?

Il fatto è che noi apprendiamo tipicamente sulla base di relazioni di causa ed effetto: *questo* capita in seguito a *quello*, se vernicio il tappeto di camera mamma si arrabbia, se tiro la coda al gatto quello miagola e mi graffia, ecc. Questo metodo sperimentale altamente sofisticato ha come conseguenza quella di abituarci ad apprendere e a ragionare in modo sequenziale, con oggetti disposti come anelli in una catena, e lungo una data direzione, che solitamente è quella temporale.

Purtroppo, come abbiamo mostrato, l'intuito e il ragionamento astratto ci aiutano molto poco in un sistema probabilistico, nel quale abbiamo di fronte una serie di scelte da valutare simultaneamente. E, anche una volta messi di fronte alla risposta corretta, una parte del nostro essere continua a esserne respinta, e a non riuscire ad accettarla.

Però, ho l'impressione che obbligando il sistema a giocare secondo quello che è il nostro metodo naturale di apprendimento di causa-effetto, e trasformando un insieme di incerti e nebulosi eventi ipotetici che si guardano tra loro simultaneamente in uno spazio astratto in una catena di eventi ripetitivi che si susseguono lungo una linea temporale con una direzione ben precisa, noi siamo in grado di capirli meglio, e di accettarli.

Il nostro intuito, e il nostro ragionamento astratto, molto spesso ci tradiscono quando dobbiamo effettuare delle scelte in base a considerazioni di probabilità. Questo non dipende dalla nostra intelligenza: come abbiamo visto, persone di intelligenza eccezionale possono avere esattamente gli stessi problemi dell'uomo della strada.

È però innegabile che gran parte della nostra vita sia legata a scelte, e che per effettuare queste scelte in modo lucido dobbiamo valutare delle probabilità.

Oppure affidarci a qualcuno che le valuti per noi.

Potrebbe essere un consulente finanziario, che ci consiglia degli investimenti. O un politico, che ci spiega per quale motivo una data scelta porterebbe alla salvezza del Paese, mentre quella opposta ci ridurrebbe in macerie. O un medico, che ci consiglia un intervento chirurgico al posto di una terapia conservativa.

In questi casi, come in tutti i casi in cui siamo di fronte a scelte probabilistiche, è conveniente tenere l'intuito chiuso in un cassetto. Per valutare correttamente le scelte a nostra disposizione è necessario fare dei calcoli.

Il che è meno semplice di quanto si potrebbe supporre.

2. Se non li puoi battere, unisciti a loro

> "Vede, Herr Mozart, nella sua opera
> ci sono troppe note. Ecco, troppe note.
> Ne tolga qualcuna e l'opera sarà perfetta."
> "Vuole per favore dirmi quali, Maestà?"
>
> Miloš Forman, *Amadeus*

Los Alamos, settembre 1946. Uno dei pochi casi in cui il luogo e la data dell'avvenimento focalizzano immediatamente il contesto in cui è ambientata la nostra storia. Nei laboratori dell'esercito statunitense, un gruppo di fisici, matematici e ingegneri provenienti da mezzo mondo sta tentando di capire come sfruttare l'energia nucleare per mettere a punto un'arma dalle capacità distruttive inimmaginabili.

A poche centinaia di metri dai laboratori, mentre i suoi colleghi lavorano indefessamente contro il tempo e contro ciò che rimane del Patto d'Acciaio, uno dei più brillanti matematici del gruppo sta facendo un solitario con le carte.

Non è che il matematico in questione, il polacco Stanisław Ulam, se ne freghi dei suoi colleghi; semplicemente, il solitario fa parte della sua convalescenza, dato che il poveretto si sta riprendendo da una encefalite virale che lo ha portato sull'orlo della tomba. Poche settimane prima, infatti, Ulam è stato condotto d'urgenza in ospedale, con un mal di testa atroce e in preda ad allucinazioni; è stato immediatamente ricoverato e gli hanno trapanato il cranio, esponendo alla vista del chirurgo un cervello che non si presentava di quel color grigio chiaro che ci si aspetterebbe da un encefalo ben educato, ma di un preoccupante rosa acceso. Un colore, data la posizione, tutt'altro che roseo.

Stanisław Ulam rimarrà in ospedale per qualche settimana tra la vita e la morte; in seguito, dopo essersi ripreso, la prima domanda che gli farà il medico sarà "quanto fa due più due?". Ulam trova la domanda talmente scema che risponde sorridendo, ma capisce che dietro c'è qualcosa di serio. I medici, in effetti, reputano improbabile che il paziente recuperi appieno tutte le sue funzionalità, e che possa tornare il matematico brillante e sicuro che tutti a Los Alamos hanno imparato ad apprezzare. E hanno ragione, Ulam non tornerà più quello di prima. Diventerà ancora meglio, anche se ancora non lo sa.

Come prima cosa, dopo la malattia Ulam vuole accertarsi che le proprie facoltà mentali siano rimaste inalterate; e quel solitario a cui sta giocando da giorni lo sta irritando parecchio, perché sono di più le volte che non gli riesce di quelle in cui lo completa.

A un certo punto, Ulam si chiede se per caso il fatto che il solitario non riesca spesso non sia dovuto tanto alla propria scarsa abilità nel gioco, quanto all'effettiva probabilità di vincita: ovvero, che le disposizioni iniziali del mazzo di carte che non permettono di vincere siano molte, mooolte di più di quelle che, se giocate correttamente, conducono a finire il solitario. E gli viene voglia di provare a calcolare questa probabilità di vittoria.

Il primo metodo che gli viene in mente è il più semplice di tutti: prendere in esame tutte le possibili configurazioni iniziali del mazzo e calcolare quante di queste conducono alla vittoria. Un po' come abbiamo fatto, nel capitolo precedente, simulando ogni possibile combinazione di premi e scelte per capire quale fosse la risposta corretta al problema di Monty Hall.

Purtroppo, tali combinazioni sono circa 10^{64}, ovvero un uno seguito da sessantaquattro zeri. Per eseguire a mente un simile calcolo, supponendo di coinvolgere tutti gli abitanti del pianeta (che per comodità porremo pari a dieci miliardi) e supponendo che ognuno sia in grado di analizzare una combinazione al secondo, se ciascuno di noi dedicasse al compito tutta la vita dopo cento anni (o 3.153.600.000 secondi, se preferite) avremmo svolto in percentuale circa lo 0.000000000000000000000000000000000000000003% del calcolo totale.

Comprensibilmente, Ulam non era certo di poter portare a termine un simile compito, specialmente in un periodo in cui si sentiva un po' deboluccio.

Ma a questo punto al buon vecchio Stanisław (che, giova sottolinearlo, era un genio) venne in mente una scorciatoia. Per dirla con le sue stesse parole,

> avevo notato che per avere un'idea della riuscita di un solitario (come il Canfield o altri, dove l'abilità del giocatore non è molto importante) sarebbe stato molto più pratico distribuire sul tavolo le carte, provare varie volte, ed annotare con quale frequenza si succedono i casi riusciti, piuttosto che calcolare tutte le possibilità mediante il mero calcolo combinatorio; infatti tali combinazioni, data la loro crescita esponenziale, sarebbero in numero così grande che [...] costituirebbero un problema intrattabile dal punto di vista del calcolo.

In pratica, Ulam pensava che se si metteva a fare il solitario *a caso*, senza stare a pensare a quale fosse la mossa migliore, la prima vittoria sarebbe arrivata quasi inevitabilmente dopo un certo numero di sconfitte; e, tra una vittoria e la successiva, ci sarebbero state quasi inevitabilmente alcune sconfitte. Annotando di volta in volta il numero di sconfitte che intercorrevano tra due vittorie, e facendone la media, Ulam sarebbe stato in grado di tirare fuori la frequenza con cui si presentava la vittoria, e quindi la probabilità della vittoria medesima. In altre parole, se una vittoria in media si presenta ogni quarantadue virgola sei giocate, vinci una volta su quarantadue virgola sei; la tua probabilità di vittoria è quindi uno (la volta in cui vinci) diviso quarantadue virgola sei (le volte che giochi), ovvero poco più di 0,024. O, se preferite le percentuali, il 2,4%.

1. *Dai un punteruolo a una scimmia e guarda che succede*

Per cominciare a vedere meglio quali possibili implicazioni abbia l'intuizione di Ulam nel mondo del calcolo scientifico, prendiamo un esempio classico: calcolare l'area di un cerchio. Seguendo la geometria euclidea, possiamo semplicemente misurarne il raggio *r* e calcolare quindi l'area come πr^2.

Applicando il metodo di Ulam, invece, potremmo fare una cosa diversa: prima, possiamo inscrivere il cerchio in un quadrato di cui conosciamo l'area. In secondo luogo, prendiamo il cartone su cui abbiamo disegnato il tutto e lo diamo in mano a una scimmia, insieme con un piccolo punteruolo. La scimmia, presumibilmente, comincerà a picchiettare sul foglio che le abbiamo dato col punteruolo, e lo sforacchierà a casaccio con allegra efficienza prima di rompersi le scatole e andare in cerca di una bella banana.

Ora, se ogni volta che fa un foro nel cartone la nostra amica scimmia lo fa veramente a caso, la probabilità che il foro venga fatto dentro il cerchio è direttamente proporzionale all'area del cerchio. Parimenti, la probabilità che il foro caschi dentro il quadrato è direttamente proporzionale all'area del quadrato.

A questo punto, basterà contare il numero di fori che cadono dentro al cerchio e dividerli per il numero di fori totali, che cadono sia dentro al cerchio che dentro al quadrato; tale rapporto sarà molto simile a quello tra l'area del cerchio e l'area del quadrato, se i forellini sono stati fatti in modo casuale, e il rapporto sarà tanto più vicino al numero che andiamo cercando quanti più sono i punti che sono stati presi.

Tutto questo, fino ad ora, ha il sapore un po' sciapo di un giochino intellettuale. Ma cosa succede se dovessimo calcolare l'area di una figura di questo genere?

L'ectoplasma di cui sopra non dispone di una formula analitica (di una ricetta) per calcolarne l'area, e questo mette Euclide in una certa difficoltà. Per il metodo della scimmia, invece, non c'è alcuna differenza: è sufficiente contornare la figura in questione con un rettangolo, o un poligono regolare qualunque di area nota, e poi darci di punteruolo. Dopodiché, si passa alla conta. Il fatto di avere contornato la figura con un rettangolo è fondamentale, in quanto ci permette di avere un valore di riferimento: prendendo come misura di paragone un ente di area nota possiamo esprimere in questo modo l'area della figura in centimetri quadrati (che sono uguali per tutti) invece che in numero di puntini (che tendono a variare in funzione dell'apparato sperimentale, dell'umore, di quello che la nostra amica scimmia ha mangiato la mattina, ecc.).

Quindi, quando si tratta di avere a che fare con il calcolo di un'area all'interno di un contorno privo di regole apparenti, il metodo di Ulam permette di trattarlo esattamente allo stesso modo di un cerchio. Ammetterete che non è male. Da un punto di vista ingegneristico, questo significa poter calcolare l'area di oggetti dal profilo altamente irregolare (ali di aeroplani, carrozzerie di automobili, nasi di suocere, ecc.). Ma il metodo di Ulam può fare anche di più.

Supponiamo infatti che la figura in questione vi venga data senza che voi possiate vederla. Magari siete ciechi, o magari la figura viene ritagliata nel metallo e vi viene data in mano dentro una scatola da scarpe, chiusa. Non avete accesso visivo alla figura, e quindi non sapreste descriverla nemmeno in modo qualitativo. Sareste in grado di calcolarne l'area?

La risposta è sì: basta munirsi di uno spillone abbastanza lungo da traforare la scatola nella sua interezza e bucare il coperchio in verticale. Le volte in cui lo spillone non trapassa la scatola saranno le volte in cui avete beccato la sagoma di metallo; altrimenti, lo spillone forerà la scatola con facilità. Contando il numero di fori che non trapassano il fondo e facendone il rapporto rispetto ai fori totali, e avendo a disposizione una scatola da scarpe con il coperchio rettangolare (di cui possiamo calcolare l'area con facilità) è possibile misurare l'area della sagoma senza avere la minima idea di che forma essa abbia.

A questo punto, la potenza del metodo di Ulam dovrebbe essere chiara a tutti, ma è un concetto talmente importante che vale la pena di dirlo esplicitamente: questo metodo è in grado di esplorare sistemi disordinati, sistemi privi di simmetria e di regole che li definiscano, sistemi che per essere descritti esplicitamente avrebbero bisogno di un enorme numero di variabili. Inoltre, è in grado di esplorare sistemi di cui ignoriamo informazioni fondamentali, che non potremmo descrivere nemmeno in modo qualitativo, e sui quali siamo in grado solo di eseguire esperimenti alla cieca.

Per la ricerca, questo tipo di possibilità è fondamentale. Nelle scienze di base, il lavoro di ricerca consiste spesso nel tentare di individuare il sesso di un gatto nero in una stanza buia, senza nemmeno sapere se il gatto c'è. O, nel nostro caso, senza sapere se c'è effettivamente una lastra nella scatola.

Ovviamente, il metodo può essere automatizzato e reso riproducibile senza necessità di utilizzare scimmie o altri animali più o meno bipedi; tutto quello che ci serve, per ogni test, è di generare due numeri a caso. Daremo ordine a un meccanismo automatico di scegliere per noi due numeri, e utilizzeremo il valore di tali numeri come ascissa e ordinata del punto in cui forare, o far forare da un macchinario, la nostra scatola di cartone.

Tutto questo chiacchierare di scatole potrebbe risultare fuorviante; in fondo, il nostro scopo è quello di fare calcoli scientifici, e il calcolo di un'area è un compito magari difficile, ma tutto sommato piuttosto limitato nei suoi scopi, giusto?

Non proprio. In fisica, così come in chimica e ingegneria, per descrivere i fenomeni naturali vengono usate delle equazioni, come tutti sanno; ma, nella maggior parte dei casi, le equazioni che vengono utilizzate non hanno risoluzione analitica. Ovvero, all'equazione (che è una descrizione astratta della situazione in esame) non corrisponde univocamente una formula che, una volta inserita nell'equazione, la soddisfi. O, se esiste, non siamo in grado di trovarla.

L'equazione, in altri termini, non è altro che un modo compatto e quantitativo per dirti *che cosa* influenza l'oggetto che sta studiando, e *in che misura* ci interagisce. Questa definizione, però, risulta ancora piuttosto astratta.

Per renderla concreta, proviamo a immaginare che l'equazione non sia nient'altro che una mappa: una classica mappa con un'isoletta sperduta in mezzo al mare, che in funzione delle nostre coordinate in ascissa e in ordinata ci dice dove siamo (se in mare o sull'isola). Sopra l'isola volteggia un aeroplano con a bordo un paracadutista: noi. Se atterriamo sull'isola, sopravviviamo; se cadiamo in mare, verremo inghiottiti dal paracadute, o da uno squalo. In più, in mezzo all'isola c'è un vulcano, che erutta ad intervalli regolari, rilasciando simpatiche colate laviche in grado di integrare l'eventuale esploratore e di ridurlo a magma. La nostra probabilità di sopravvivere dipende dal punto in cui atterriamo, e dal momento in cui ci atterriamo: dalle nostre coordinate, e dal tempo.

Conosciamo l'attività del vulcano e la possiamo scrivere con una legge oraria, e conosciamo la geografia dei confini dell'isola: in altre parole, conosciamo l'equazione. Però, non sappiamo dare una risposta alla domanda "che probabilità di sopravvivenza abbiamo?": ovvero, pur sapendo l'equazione, non conosciamo la soluzione.

Posso quindi immaginare di risolvere la mia equazione stampando tutti questi fotogrammi con il mare in azzurro, la lava in rosso e l'isola in bianco. Sovrapponendo tutti questi fotogrammi l'uno sull'altro, in ordine temporale, e facendo poi calare dall'alto il mio spillone a casaccio un certo numero di volte, campiono il mio spazio delle probabilità: ogni volta che, ritirando il mio spillone, lo vedo macchiato di rosso o di azzurro, scuoto la testa con fatalismo e depenno. Alla fine, sommando le volte in cui il mio spillo è uscito completamente bianco e dividendolo per le volte in cui ho sforacchiato la pila di diapositive, otterrò una misura piuttosto precisa della probabilità di sopravvivenza del mio ente, particella o agente segreto che sia. E se, in un impeto di raffinatezza, misuro il punto, l'altezza alla quale il mio spillo si è macchiato di rosso e/o di azzurro, e faccio una media di queste altezze, avrò anche calcolato il tempo medio di sopravvivenza degli oggetti che non ce l'hanno fatta ad attraversare indenni il periglio.

Ora, un enorme numero di problemi fisici può essere rappresentato in questo modo: da una mappatura in un piano a due dimensioni (per semplicità, ci fermeremo a due dimensioni, ma il discorso può essere facilmente esteso alle tre dimensioni del nostro spazio usuale) in cui il tempo può essere rappresentato da diverse mappe, come fotogrammi scattati dall'alto in istanti diversi. In altri termini, le equazioni possono essere discretizzate, esattamente come un'azione fluida e continua nello spazio e nel tempo (per esempio un attore che recita) viene ripresa da una telecamera digitale e suddivisa in fotogrammi, ognuno composto da un certo numero di pixel, un fotogramma ogni ventiquattresimo di secondo. In questo modo, abbiamo una *rappresentazione discreta* dell'equazione.

Posso quindi pensare di ottenere una efficace rappresentazione dell'andamento temporale semplicemente sovrapponendo questi fotogrammi l'uno sull'altro, prima di metterli nella scatola e di incominciare a sforacchiare.

Ogni zona diversa della mappa compie un'azione diversa sull'oggetto fisico che mi interessa, e che concretizzo in uno spillone – rallentandolo, accelerandolo, o deformandolo e spingendone la punta in una diversa direzione, o addirittura stoppandone il cammino.

Abbiamo fatto un grande passo in avanti. Partendo da una ricetta astratta, una equazione (che alla sola vista incute timore e che potrebbe anche mordere), siamo riusciti a passare a qualcosa di concreto, di visualizzabile e tangibile. Per interagire con questo oggetto concreto abbiamo bisogno solo delle nostre mani, di un oggetto particolarmente acuminato e di tanta, tanta pazienza...

2. *Dall'albero alla giungla: ovvero, dal singolo ente al caos*

Questa superiorità del calcolo probabilistico, dell'esplorazione parziale e aleatoria dell'intera distesa delle possibilità, provocò in Ulam un vago disappunto, come testimoniano le parole della sua autobiografia che seguono il brano che abbiamo riportato in apertura del capitolo:

> Ciò risultava sorprendente al livello intellettuale, ed anche se non propriamente umiliante dava un senso di limitazione al pensiero razionale tradizionale. In problemi abbastanza complicati, un campionamento adeguato risulta migliore dell'esame esaustivo di tutte le catene di probabilità.

In realtà, l'intuizione di Ulam era semplicemente geniale: oltre a confermare che il suo cervello si era completamente ripreso dalla malattia, questo nuovo modo di calcolare delle quantità riferite a sistemi con un enorme numero di combinazioni possibili, semplicemente esplorando in modo furbo lo spazio sterminato delle disposizioni di un gran numero di oggetti, schiudeva le porte al calcolo *concreto* delle proprietà di un corpo fisico macroscopico privo di struttura ordinata, come un liquido o un reattore nucleare, a partire dai suoi elementi costituenti: le molecole, o i neutroni.

Il numero di enti atomici o molecolari che compongono gli oggetti che usiamo tutti i giorni è, infatti, letteralmente spropositato; in un singolo bicchiere di acqua sono presenti circa 10^{24} molecole di H_2O. Un milione di miliardi di miliardi di molecole. Se ci ricordiamo cosa accadeva con le combinazioni possibili di cinquantadue carte, be', qui la cosa si fa decisamente più complicata.

In questi casi, in cui il calcolo diretto è ancora più impensabile, il metodo Monte Carlo applicato adeguatamente alla simulazione al computer ci dà una mano, e ci permette di risolvere un problema apparentemente impossibile da trattare: ovvero, la struttura delle molecole in un liquido.

3. *Primi, frustranti tentativi a mano*

Storicamente, il primo tentativo di capire in che modo nasca la complessità quando si prende un gran numero di unità costitutive semplici venne fatto da John Desmond Bernal, uno dei pionieri della termodinamica dello stato liquido.

Bernal si immaginò che un liquido potesse essere rappresentato da un numero piuttosto grande di oggetti semplici, i quali interagivano fra loro per semplice contatto. Quindi, tentò di simulare il comportamento molecolare di un liquido mettendo dentro un contenitore di gomma un gran numero di palle di plastica, oppure di molecole elementari (palle di plastica unite da molle). Lo spirito di simulare il mondo naturale con oggetti artificiali portatili non era, d'altronde, una novità per Bernal, visto che parliamo dello stesso personaggio che aveva ideato e progettato il porto temporaneo artificiale usato per lo sbarco in Normandia, e al quale va gran parte del merito per il successo dell'operazione.

All'interno del contenitore, Bernal simulò l'effetto della temperatura in modo meccanico (scuotendo il contenitore) e, similmente, riprodusse sul campione gli effetti della variazione di pressione (strizzando il contenitore). Fin qui, il lavoro era abbastanza divertente, e a svolgerlo fu lo stesso Bernal, che del resto era un professore ordinario. La parte più noiosa venne svolta, come da simpatica tradizione che si mantiene invariata al giorno d'oggi, da una sua laureanda, Miss Wilkinson, alla quale venne dato il seguente compito:

1) togliere, strato per strato, le palle di plastica dal contenitore

2) dopo aver tolto uno strato, fotografare la disposizione delle palle rimaste sullo strato in superficie

3) descrivere da un punto di vista geometrico in che modo ogni palla dello strato era circondata da altre palle

4) iterare la procedura, cioè ricominciare da capo; tutto questo nel modo più delicato possibile, per evitare traumi alla delicata architettura ed evitando così di rompere le palle (cosa che accadeva ugualmente, ma a livello più metaforico).

In questo modo, la solerte signorina fu in grado di individuare 197 modi possibili in cui dette sfere si potevano impaccare e, presumibilmente, altrettanti modi di maledire il proprio relatore.

In seguito, quando Miss Wilkinson lasciò gli studi di dottorato, fu necessario trovare un altro metodo; e questi insiemi di palle rigide e inflessibili, in grado solo di rimbalzare tra loro, cominciarono ad essere simulati con metodi astratti. Per capire come, abbandoniamo per un momento il mondo delle molecole e dei fluidi e concediamoci una piccola gita in montagna. Sembrerà qui che cambiamo argomento in modo brutale: ma, come vedremo, non è così.

4. *A caso, ma con giudizio: il metodo Metropolis*

Supponiamo che, per motivi ignoti, vi troviate sul picco più alto di una catena montuosa e desideriate scendere a valle. C'è solo un piccolo problema: siete al buio. È notte: non una confortevole notte di città, con qualche lampione amico dotato di prostituta regolamentare, ognuno dei due in grado di indicarvi in qualche modo la via. No, è assolutamente buio, e di conseguenza non ci vedete un tubo. Non siete in grado di sapere in che direzione dovreste muovervi per arrivare a valle. Quale criterio potreste adottare?

Il primo che viene in mente è semplice: proviamo ad andare sempre in discesa. Muovo un passo nella direzione più ripida e scoscesa, e avanti così. Prima o poi, arriverò a valle. È un buon criterio? No.

Facendo così, potreste andare a finire in un laghetto, o in una piccola conca, o in un altopiano, e seguendo il vostro criterio comincereste a girare più o meno in tondo, senza possibilità di uscire dalla trappola in cui vi siete andati a cacciare, poiché vi ostinereste a seguire il vostro criterio: coerenti con voi stessi, continuereste ad andare sempre nella direzione più ripida, o tutt'al più a muovervi in piano, disprezzando volutamente la possibilità di fare qualche passo in salita.

Se portaste con voi un amico (ammesso che uno come voi, che si ritrova di notte in cima ad una montagna, abbia degli amici) e questo amico fosse esperto di simulazioni stocastiche, vi potrebbe suggerire un metodo alternativo. Vi direbbe di suddividere il vostro tragitto in passeggiate di un minuto circa, e di decidere in quale direzione andare tirando un dado: se esce un numero dall'uno al cinque, andrete in discesa. Se invece esce il sei, andrete in una direzione a caso.

In questo modo, la vostra direzione di marcia globale sarà sempre verso il basso (avete cinque probabilità contro una di andare in discesa, e quindi la cosa succederà molto più spesso), ma avrete la possibilità di uscire dal fottutissimo laghetto, nel caso in cui ci andaste a finire. Sempre che vi atteniate a quello che decide il dado, e lo accettiate come vostra guida e vostro oracolo, anche se vi fa passare in mezzo a una letamaia.

5. *Dalla montagna al topolino, cioè alla molecola*

Proviamo ora a uscire dall'esempio specifico e a capire in che modo il metodo che abbiamo utilizzato può essere generalizzato e quindi usato anche in altri ambiti. Per fare questo, dobbiamo prima capire il problema.

Il problema consiste nel fatto che *ignoravamo* la configurazione della montagna, non avevamo una mappa a nostra disposizione, e non vedevamo un tubo. Tutto quello che potevamo sapere erano le conseguenze delle nostre azioni. Avevamo, però, un *criterio* che sapevamo essere corretto: devo andare in basso.

Anche per quanto riguarda le configurazioni delle molecole abbiamo un criterio preciso: sappiamo che gli oggetti fisici ricercano le situazioni di minima energia. In altri termini, la natura è pigra, e quando la si perturba tende spontaneamente verso lo stato in cui possiede la minima energia possibile. (La cosa si può verificare facilmente versando un bicchiere d'acqua sul tavolo: il fluido non resterà lì, immobile, mantenendo la forma di bicchiere, ma si spanderà sul piano del tavolo cercando di diminuire la propria energia potenziale dovuta all'effetto della gravità.)

Quindi, la configurazione reale delle nostre molecole è quella di minima energia possibile, e quella dobbiamo cercare di ottenere, spostandole e movimentando il loro stato. Potremmo allora pensare di ottenere la nostra configurazione secondo la seguente sequenza di mosse:

a) sposto una palla a caso

b) calcolo l'energia della configurazione ottenuta

c) se l'energia della nuova configurazione è più bassa la accetto, e torno al punto *a*) per fare una nuova mossa; se invece è più alta rimetto a posto la palla esattamente dove l'ho trovata, e torno al punto *a*) per fare una nuova mossa, diversa dalla precedente.

Se noi cercassimo di evolvere la nostra configurazione di palle (sarebbero molecole, ma se parlo di palle sono convinto che mi possiate seguire più facilmente) semplicemente muovendoci in modo stolido verso le energie più basse, nel modo sopra descritto, potremmo facilmente ripetere quanto accade scendendo da una montagna: cadere in un cosiddetto minimo locale. Nella montagna reale, in roccia e muschio, questo minimo sarà una conca, o un laghetto: nell'insieme di palline, sarà una configurazione particolarmente bastarda in cui le palle si incastrano tra loro in modo inestricabile, tanto che qualsiasi cosa facciate l'energia dell'insieme aumenta.

Per uscire dall'impasse, quello che mi serve è fare un errore. Devo accettare la possibilità di andare nella direzione sbagliata, ma è una decisione che devo ponderare bene, perché non voglio tornare in cima alla montagna.

Per riuscirci, farò così:

a) sposto una palla a caso

b) calcolo l'energia della configurazione ottenuta

c) se l'energia della nuova configurazione è più bassa la accetto, e torno al punto *a*) per fare una nuova mossa; se invece è più alta, ho due possibilità.

Nel caso in cui l'energia della nuova configurazione è più alta, sceglierò un numero casuale, generato da un software apposito: se il numero è maggiore della differenza tra le due energie, accetto la configurazione; se invece il numero è minore, la rifiuto e rimetto la palla dove l'ho trovata. Dopodiché, torno al punto *a*).

Così facendo, ho molte probabilità di accettare una mossa che aumenta di poco la mia energia (come se, in termini di montagna, tentassi di uscire dal laghetto) e molto poche di accettare una mossa che la cambia di molto (come se tentassi di inerpicarmi su di un costone).

Ma, soprattutto, sono in grado di uscire da una situazione di stallo. Accettando la possibilità di fare buoni errori, di compiere mosse apparentemente insensate, ma la cui bontà si rivela in seguito grazie alle nuove strade che mi permette di esplorare, le mie capacità aumentano in modo incredibile.

6. *Esplorare la giungla: elicottero contro machete, ovvero computer contro essere umano*

Quello che abbiamo esposto fino ad ora è un metodo.

In poche parole, ci siamo resi conto che facendo un gran numero di prove a caso, e valutandole secondo un criterio fisso, possiamo fare molta strada nella esplorazione e nella comprensione di fenomeni complessi.

Abbiamo, è vero, reso il problema più facile; ma, contemporaneamente, l'abbiamo fatto diventare molto più palloso...

Per essere efficace, a questo punto, un metodo del genere non ha bisogno di somme intelligenze o di raffinate acrobazie algebriche: il metodo è tanto più efficiente quanto più velocemente siamo in grado di generare configurazioni e di esaminarle (o, ricordandoci dell'esempio precedente, di quanto velocemente siamo in grado di bucherellare la nostra scatola). Detto in altri termini, il vero fattore di efficacia è per l'appunto la velocità: quanti singoli test siamo in grado di eseguire in una unità di tempo.

All'epoca di Los Alamos, i calcoli aritmetici bruti (somme, sottrazioni, divisioni, ecc.) erano demandati alle mogli degli scienziati di stanza ai laboratori Livermore: erano le cosiddette "calcolatrici" o, per usare il termine inglese, *computers*.

Per questo motivo, scherzosamente, Ulam propose di applicare il metodo Metropolis alle equazioni di evoluzione del neutrone reclutando qualche centinaio di cinesi clandestini provenienti da Taiwan e munendo ognuno all'arrivo di un abaco e di una coppia di dadi con cui generare numeri casuali da immettere successivamente nelle incognite dell'equazione. Pare che alcuni dei suoi colleghi, non tutti militari, presero sul serio il suggerimento; John von Neumann, invece, capì che quello era il metodo ideale per poter iniziare ad usare seriamente un calcolatore automatico, a cui non fosse richiesto niente altro se non di eseguire in rapida successione una serie di calcoli aritmetici banali, e fosse in grado di eseguirli giorno e notte, con una velocità impensabile per un essere umano, e senza commettere errori di calcolo.

La parola computer, fino a quel momento riferita alle mogli, stava per cambiare definitivamente destinatario.

3. Modellini di realtà

Il miglior modello di un gatto
è un gatto.

Norbert Wiener

1. *Fette di pane che cadono nel modo peggiore possibile*

Nel 1993, il fisico inglese Robert Matthews stava guardando alla televisione un programma di divulgazione scientifica, intitolato Q.E.D. (*Quod Erat Demostrandum*), all'interno del quale era programmato un esperimento un po' particolare. L'esperimento in questione voleva dimostrare che non è vero che una fetta di pane, quando cade dal tavolo della colazione, cade più spesso dalla parte imburrata (o coperta di marmellata). La conclusione dell'esperimento era chiara: le probabilità che le fette cadessero dal lato spalmato o da quello non spalmato erano identiche.

Nel corso dell'esperimento, Matthews notò che la procedura sperimentale adottata era, diciamo così, bizzarra. Le fette di pane venivano lanciate in aria verso l'alto dopo essere state imburrate (un gesto che, intorno a un tavolo da colazione, si osserva di rado...).

Di solito, quando la fetta di pane cade è perché si afferra il piatto con la fetta sopra portandolo verso di noi, o porgendolo verso qualcuno: a quel punto, la fetta di pane *scivola* lievemente verso l'esterno fino al momento in cui sporgerà dal piano d'appoggio (il piattino) con una superficie maggiore di quella ancora appoggiata al piatto stesso. Da qui, in virtù della posizione iniziale un po' dentro e un po' fuori, inizierà a cadere roteando su se stessa.

Matthews si chiese se la cosa non avesse una qualche importanza, e spento il televisore si mise a fare due calcoli. Il risultato lo sorprese, e non poco.

Credo che tutti voi abbiate capito dove voglio andare a parare: in quel dopocena alternativo, Matthews dimostrò matematicamente che è molto più probabile che una fetta di pane imburrata cada dalla parte del burro, quando cade dal tavolo della colazione. E, cosa ancora più sorprendente, la presenza del burro sul pane non c'entra assolutamente nulla.

Il motivo per cui la fetta cade dal lato imburrato è dovuto alle dimensioni relative degli oggetti in gioco: la fetta, della larghezza di circa dieci centimetri, cade da un tavolo di altezza media intorno al metro. E poiché di solito la fetta cade sporgendosi troppo da un piattino, o dal bordo di un tavolo, la fetta quando cade entra in rotazione.

Ecco, dato il rapporto tra l'altezza da cui cade e la propria dimensione, la fetta di pane in media fa in tempo a compiere un mezzo giro su se stessa prima di stamparsi al suolo; in pratica, quello che succede è che la fetta di pane cade più spesso sul lato che si trova *a faccia in su* quando è ancora sul tavolo. Il fatto che sia imburrata o meno non fa differenza, come dimostrò in seguito lo stesso Matthews proprio con una simulazione. Il fisico organizzò un esperimento con i bambini di una scuola elementare, ai quali venne chiesto di far scivolare dal banco dei quadrati di cartone dopo aver tracciato una croce sulla faccia superiore; indipendentemente dall'assenza di burro o di qualsiasi altro substrato spalmabile, le pseudofette atterravano sul lato munito di croce nel 65% dei casi circa, contro il 35% del lato privo dell'infantile vidimazione.

Al di là del lato umoristico della cosa, quello che è veramente importante notare è che Matthews è stato in grado di spiegare un fenomeno naturale usando un modello (un quadrato di materiale a caso, come il cartone) *semplificato* rispetto a quello originale: in questo modo, ha chiarito inequivocabilmente che il burro non ha alcun ruolo nel fenomeno in questione.

Per analizzare scientificamente un fenomeno, quasi sempre è necessario ricorrere ad un modello: una strana caricatura della realtà che sceglie di concentrarsi solo su alcuni aspetti degli oggetti studiati, ignorandone altri, o rappresentandoli in maniera idealizzata. In poche parole, si costruisce un modello che tenta di ignorare tutto quello che è *ridondante*.

2. *Come si costruisce un modello*

Uno dei principali processi nello sviluppo della conoscenza, come si diceva, è l'interpretazione dei fenomeni osservati sperimentalmente. Senza voler entrare nei dettagli, spesso il primo approccio consiste nello sviluppo di un *modello*, ovvero la messa in relazione di alcune grandezze caratteristiche di un sistema di interesse senza l'intento – almeno all'inizio – di voler cogliere le leggi fondamentali che ne regolano il comportamento generale. Queste ultime saranno invece oggetto di attenzione nella formulazione *teorica*.

Come esempio, prendiamo ancora le fette di pane-modello di Matthews. Da un punto di vista puramente funzionale, esse non sono che una mera imitazione di una fetta di pane imburrata e vengono fatte soggiacere alle stesse leggi naturali che regolano la caduta delle loro colleghe fatte di farina: uno potrebbe testare questo modello *ignorando completamente* che le fette di pane cadono per effetto della gravità e che questa lega due oggetti in funzione della loro massa e del quadrato della distanza che li separa con una costante gravitazionale pari a $6{,}67 \times 10^{-11}\ m^3\ kg^{-1}\ s^{-2}$.

Una formulazione teorica, viceversa, richiederebbe di conoscere tutti questi aspetti. E richiederebbe la scrittura di equazioni in grado di descrivere la dinamica dell'oggetto reale (fetta) in ogni suo punto. Si dovrebbe quindi essere in grado di descrivere geometricamente la fetta imburrata, con tutte le variazioni di densità che essa possiede punto per punto (bolle, crosta, ecc.). Possibile? Certo. Fattibile in pratica? Fate voi...

C'è una terza via, che in effetti è quella adottata da Matthews: scrivere le equazioni per la dinamica di un oggetto più semplice, privo di bolle, crosta e strato imburrato. Molto più semplice, ma ugualmente significativo.

3. *Tipi di modelli e loro classificazione*

Volendo parlare di modelli, sono stati identificati vari tipi, spesso non mutuamente esclusivi, tra i quali ricordiamo i modelli idealizzati, i modelli analogici e i modelli fenomenologici[1].

Nei modelli *idealizzati* l'obiettivo è la semplificazione di qualcosa di complicato allo scopo di renderlo più maneggevole. Gli esempi in fisica sono numerosi, dal "punto materiale" – un sistema di dimensioni trascurabili dotato di massa – alle superfici prive di attrito.

In filosofia sono stati identificati due tipi distinti di idealizzazione: quella cosiddetta "aristotelica" e quella "galileiana". L'idealizzazione aristotelica equivale ad eliminare tutte le proprietà ritenute non di rilievo nel problema in esame. Un esempio è il modello matematico del sistema solare che descrive i pianeti prendendo in esame solo la loro forma e la loro massa, trascurando ogni altra proprietà. Le idealizzazioni galileiane modificano il sistema in esame, troppo complesso da descrivere, con uno notevolmente più semplice. Ad esempio, esagerando, si potrebbe sostituire un cavallo da corsa con una sfera rotolante su di un piano. Le idealizzazioni aristoteliche e galileiane non sono mutuamente esclusive. Per tornare all'esempio dei pianeti, si potrebbe, una volta limitata l'analisi alla

[1] Non prenderemo in esame i modelli "in scala", usati in ambito ingegneristico e tecnologico, per riprodurre su scala ridotta sistemi estesi quali edifici, auto o simili.

loro forma e massa, assumere il pianeta come perfettamente sferico. Il modello della fetta di pane di Matthews è, in effetti, sia aristotelico (il burro sopra il pane non viene considerato) che galileiano (la fetta di pane, con tutte le sue porosità e con una forma geometricamente non precisa, viene sostituita con un quadrato di materiale omogeneo). Un punto tipico dei modelli idealizzati è che il loro comportamento, al momento in cui ci apprestiamo a studiare il sistema, ci è ignoto: il caro John D. Bernal, per esempio, ignorava in che modo le sue palle di gomma si sarebbero disposte nello spazio, e per questo aveva bisogno della pazienza di Miss Wilkinson.

Esempi di modelli *analogici* (ovvero che funzionano per analogia) sono le rappresentazioni di un gas come un insieme di palle di biliardo o di un nucleo atomico come la goccia di un liquido. La potenza intrinseca del modello analogico è che si sa come si comporta. Il modello analogico non costruisce un nuovo oggetto, ma prende un oggetto già esistente di cui sia *nota* la teoria fisica e cerca di capire fino a che punto assomiglia al sistema che si è scelto di studiare. E non è detto che debba per forza essere più semplice: a conti fatti, una goccia di liquido è un sistema parecchio più incasinato di un nucleo atomico...

(Un altro esempio di analogia è quella cosiddetta formale: ovvero, quando le medesime equazioni matematiche possono essere utilizzate per descrivere sistemi anche molto differenti, come un pendolo e un circuito elettrico oscillante. Non ci sembra il caso di approfondirla in queste pagine.)

I modelli *fenomenologici*, detti anche empirici, usualmente si limitano a descrivere solo proprietà osservabili senza fornire dettagli sui meccanismi o sui processi che ne sono all'origine (ovvero trattano dati sperimentali senza utilizzare informazioni *a priori* sul sistema in esame). Un modello fenomenologico dell'orologio descrive la posizione delle lancette sul quadrante di un orologio al variare delle ore senza indagare la sua meccanica, ovvero il complesso di molle, ruote dentate e bilancieri alla base del suo funzionamento.

Un modello che si preoccupa di spiegare come funziona un orologio, trasformandolo da “black box” in “white box”, è detto invece modello *meccanicistico*.

Una teoria è un complesso di relazioni che, dalla comprensione del meccanismo, deriva leggi predittive e precisa nessi causa-effetto. Tornando all’esempio dell’orologio, l’aver compreso il legame tra numero di oscillazioni del bilanciere e rotazione delle lancette ci permette di prevedere quale sarà la loro posizione in un qualunque istante futuro; inoltre ci permette di comprendere che la causa della rotazione delle lancette è unica perché unico è il bilanciere.

Tutti questi dettagli non possono essere forniti da un modello fenomenologico, che non è in grado di comprendere che la correlazione tra le rotazioni delle due lancette è conseguenza del meccanismo costruttivo dell’orologio, motivato da una causa comune. Inoltre, la validità di un modello fenomenologico è limitata al campo di valori osservato: se osserviamo il moto di un orologio per 3-4 minuti potremmo concludere che la lancetta lunga si muove mentre quella corta sta ferma. Solo osservandolo per un certo numero di ore saremo in grado di stabilire (se non ci siamo rotti le scatole prima) che la lancetta corta si muove a una velocità che è un dodicesimo di quella della lancetta lunga.

Abbiamo stabilito che cos’è un modello, e in che cosa si differenzia da una teoria. A questo punto ci chiediamo: in che modo si usa, correttamente, un modello?

4. *Il modello: una necessità per rendere computabile il problema*

In uno dei miei fumetti preferiti, *Il mago Afono*, Federico Maria Sardelli mette a tu per tu in un improbabile quiz a premi un concorrente dall’aspetto poco intelligente con il protagonista. Il concorrente, oltre ai suoi pochi neuroni, ha a disposizione due cartelli su cui sono scritti rispettivamente “SÌ” e “NO”. Il conduttore (che Sardelli chiama sempre con aggettivi rutilanti, tipo "catadiottrico" e "munifico") pone quindi la seguente domanda: "Dov'era Garibaldi?".

Lo stolido concorrente guarda perplesso i cartelli, chiedendosi come fare a rispondere a un quesito del genere; ma non ha nemmeno il tempo di chiedere maggiori specificazioni che la simpatica valletta (un barbone sdentato con indosso solo un cappotto e un berretto di lana) lo avverte con una mazzata nei denti che il tempo a sua disposizione, ahimè, è scaduto.

Alla domanda "Dov'era Garibaldi?", senza maggiori specificazioni, è piuttosto difficile rispondere già per un essere umano; ma l'essere umano, per sua natura, può chiedere spiegazioni o, laddove conosca l'oggetto di cui si parla, avanzare delle ipotesi. Può, insomma, intuire di cosa si sta parlando, completare in modo automatico la domanda e provare ugualmente a dare una risposta.

Disgraziatamente, il computer non funziona esattamente nello stesso modo.

Cosa occorre per far funzionare un modello al computer?

Il computer non può fare discorsi vaghi, o ragionare ad intuito: il computer, per sua natura, computa. Ovvero, prende una ricetta, inserisce in entrata degli ingredienti e dà in uscita un piatto pronto, cioè un risultato.

Per rendere computabile un problema, è necessario modellizzarlo in modo numerico: decidere quali ingredienti usare, associare dei numeri agli oggetti in gioco (gli ingredienti), e usare un algoritmo (ricetta) per tirare fuori una risposta numerica (piatto). Questa associazione eventi-numeri può essere fatta in modo estremamente versatile, tanto che possiamo utilizzare il computer per prevedere che tempo farà nei prossimi giorni, capire se un testo scritto e attribuito a una data persona è autentico oppure falso o partecipare a un gioco a premi come *Jeopardy!*, che presume una capacità di comprendere il linguaggio nelle sue sfumature più sottili, anche a livello umoristico e metaforico.

Però è sempre necessario rendersi conto che il computer, quando lavora, computa: ovvero, esegue un ordine. Risponde a una domanda che *noi* gli abbiamo posto con un modello che *noi* gli abbiamo programmato. Quando il computer risponde, ci sta dicendo come si comporta *il nostro modello*, non la realtà. Sembra una affermazione piuttosto banale, ma non sono pochi i casi in cui l'utente dimentica questa fondamentale differenza. Nel prossimo capitolo vedremo un esempio in cui le conseguenze di questo errore sono, purtroppo, sotto gli occhi di tutti.

4. Una copula distruttiva

Se i partiti non rappresentano
più gli elettori, allora cambiamoli
'sti maledetti elettori!

Corrado Guzzanti

1. *Cum hoc, ergo propter hoc?*

Supponiamo che, osservando una serie di dati statistici, notiate che l'andamento del numero di incendi boschivi in una data settimana sia direttamente proporzionale al numero di gelati venduti in quella stessa settimana. In termini statistici, avete individuato una *correlazione*.

Se foste un computer, ovvero un ente che ragiona come se i dati in suo possesso fossero gli unici dati che contano, potreste concludere con ragionevole sicurezza che uno dei due eventi sia causa dell'altro. Magari nei gelati ci potrebbero essere dei particolari conservanti che stimolano gli istinti di piromania; oppure, più plausibilmente, dopo aver appiccato il fuoco a una pineta il vandalo si sente comprensibilmente accaldato, e quindi va in cerca di un bel ghiacciolo. In realtà, come tutti sappiamo, nessuno dei due eventi causa l'altro: entrambi sono favoriti dallo stesso fattore meteorologico noto come "estate". Né sono, ovviamente, concatenati causalmente: quindi, credere di poter arrestare il fenomeno degli incendi boschivi proibendo la vendita di barattolini Sammontana non sarebbe una buona idea.

Il fatto che questi eventi non siano concatenati causalmente non annulla, però, il fatto che la correlazione esista, e possa essere utilizzata come spia di un possibile pericolo. Ovvero, un improvviso aumento della vendita di gelati nei bar intorno al bosco di Pratovecchio potrebbe suggerire ai guardiani (che non dispongono di una stazione meteorologica dedicata e passano tutta la giornata all'aria condizionata del loro gabbiotto) che si è verificato un picco di temperatura nei dintorni della zona, e che quindi il rischio di un incendio (doloso o accidentale) nell'area di loro competenza è improvvisamente ed *effettivamente* aumentato.

La mancanza di causalità implica che agendo su di un fenomeno non si ha alcuna influenza sull'altro; ma questo non significa che possiamo bellamente ignorare l'esistenza della correlazione. L'entità del fenomeno innocuo "vendita di gelati" ci deve mettere in allarme per prevenire il fenomeno dannoso "incendio boschivo", in quanto è in assoluto il più pericoloso dei due (a meno che non facciate i dietologi): ignorare questa correlazione, in assenza di altri dati, sarebbe una colossale stupidaggine.

Tale discorso è improntato al più comune buon senso, e sembrerebbe quasi di poter concludere che nessuno commetterebbe una simile negligenza. A maggior ragione un ente il cui principale lavoro è quello di valutare i rischi connessi a una operazione finanziaria.

Purtroppo, il momento buio che stiamo vivendo è legato, in gran parte, proprio al fatto che alcune agenzie di rating hanno ignorato che quando le vendite di gelati aumentano di brutto, allora vuol dire che fa caldo...

2. *Piccola storia della bolla immobiliare statunitense*

Spesso i grandi disastri sono conseguenza di errori ripetuti che sommandosi producono conseguenze dirompenti: per cadere in un burrone dobbiamo pur fare un po' di passi per avvicinarci al bordo. In campo finanziario i disastri talvolta assumono la forma di una "bolla" che, gonfia che ti gonfia, alla fine esplode. La crisi finanziaria del 2007-2008 non ha fatto eccezione ed è stata, infatti, preceduta da una bolla speculativa che dal finire degli anni Novanta al 2006 ha quasi fatto raddoppiare i prezzi delle case negli Stati Uniti.

La casa non è stata un investimento particolarmente vantaggioso negli Stati Uniti all'indomani della Seconda guerra mondiale. Dalla metà degli anni Cinquanta al 1995 le oscillazioni dei prezzi delle abitazioni non sono andate oltre il 15% circa, mentre il numero dei proprietari è rimasto stabile intorno a poco più del 60% della popolazione[1]. È interessante notare che nel pieno della bolla il numero dei proprietari è aumentato in misura molto ridotta, raggiungendo il picco del 69% nel 2005 dal 65% di dieci anni prima. Il motivo è semplice: pochi americani che non avevano già comprato casa prima degli anni Novanta erano in grado di farlo in seguito, anche perché in quel decennio non si era verificato alcun particolare aumento di reddito. Quindi non c'è stata alcuna domanda di alloggi migliori, come accaduto sempre negli Stati Uniti alla fine della Seconda guerra mondiale. Le motivazioni che hanno causato l'enorme aumento dei prezzi delle case in un solo decennio erano più artificiose.

Due sono le cause accertate, in parte intrecciate: la presenza di speculatori intenzionati a comprare e rivendere in modo sempre più profittevole le abitazioni e – più determinante – la facile concessione di mutui ipotecari a persone non meritevoli di credito. Ma cadere in un burrone non è facile e altri passi forse sono stati necessari: alcuni li identificano nel gran numero d'investitori non più soddisfatti dai bassi interessi dei titoli di Stato statunitensi, altri nell'au-

[1] N. Silver, *The Signal and the Noise: The Art and Science of Prediction*, The Penguin Press, New York 2012, pp. 30-31 (trad. it., *Il segnale e il rumore. Arte e scienza della previsione*, Fandango, Roma 2013).

mento incontrollato di soggetti autorizzati ad emettere mutui immobiliari, altri ancora nell'abbondanza di liquidità a seguito della crisi russa del debito e della crisi finanziaria asiatica del periodo 1997-1998. Infine, c'è chi fa notare come le famiglie americane, a causa della stagnazione dei salari, sono state incoraggiate a sostenere i consumi ipotecando l'abitazione principale.

Comunque sia, via via che le banche concedevano mutui a sempre più gente, i prezzi delle case hanno iniziato a salire. Ma questa salita non è stata infinita. Appena, a metà del 2006, i prezzi hanno mostrato una flessione – dopo essere aumentati del 124% in nove anni – e gli azzardi finanziari erano giunti a un livello ormai insostenibile, sono iniziati problemi che si sono rapidamente propagati all'intero mercato finanziario, come vedremo subito.

3. *Non so nulla di te: come faccio a fidarmi di te?*

La presenza di persone con scarsa affidabilità finanziaria sul mercato immobiliare – come si può intuire – è spesso fonte di grane. È interessante esaminare quale ruolo ha svolto l'uso di modelli inaffidabili nella esplosione della crisi finanziaria del 2007-2008 e nella successiva recessione di cui ancora oggi stiamo subendo le conseguenze.

La disponibilità delle banche a finanziare persone poco affidabili nell'acquisto di un'abitazione tramite prestiti cosiddetti *subprime* – ovvero a tassi di interesse *superiori* a quelli riservati alla clientela più affidabile – si deve far risalire al desiderio smodato delle banche stesse di ottenere profitti sempre maggiori. Detto più semplicemente, alla loro cupidigia che si è espressa attraverso un meccanismo tanto semplice quanto perverso: accensione di mutui con tassi di interesse più alti, per tutelarsi dalla minore affidabilità dei sottoscrittori, e successiva cessione del rischio alle banche di investimento tramite un processo detto di *cartolarizzazione*.

OBBLIGAZIONE è un titolo di debito, in altre parole un prestito. Nell'acquistare un'obbligazione si presta denaro a un governo, a una società o a un altro ente, detto "emittente". In cambio del prestito, l'emittente si impegna a pagare un determinato tasso di interesse per tutta la durata dell'obbligazione e a ripagarne il valore nominale (il capitale) alla scadenza.

CARTOLARIZZAZIONE è la cessione di attività o beni, in genere crediti, ad una società creata da una banca di investimento, detta "società veicolo", che emette obbligazioni garantite da quanto ceduto. Se tutto fila liscio, il credito è rimborsato dal debitore alla società veicolo, permettendo così la restituzione del capitale investito nell'obbligazione e il pagamento degli interessi. Se il debito non viene onorato, l'acquirente delle obbligazioni perde in varia misura capitale e interessi.

CDO è un titolo obbligazionario emesso in particolari tipi di cartolarizzazione che ha come garanzia un debito. I CDO sono suddivisi in classi, o tranche, a diversa affidabilità. Le classi meno affidabili garantiscono interessi maggiori, ma sono le prime a non essere rimborsate in caso di insolvenza dei debitori. In caso di ampia insolvibilità le perdite si estendono anche ai sottoscrittori delle tranche a maggiore affidabilità. Il valore di un CDO è spesso difficile da valutare a causa della intricata composizione dei beni posti a garanzia delle tranche, ad esempio altri CDO derivanti da altre cartolarizzazioni.

La cartolarizzazione presenta aspetti interessanti per i soggetti coinvolti: le banche di investimento, da un lato (in uscita), rimborsavano la società che aveva emesso il mutuo della somma erogata permettendo a quest'ultima di presentare bilanci di aspetto migliore; dall'altro (in entrata), ricevevano gli interessi pagati dai debitori, i sottoscrittori dei mutui. Come utilizzavano, le banche di investimento, questi pagamenti?

Le banche di investimento emettevano particolari obbligazioni, note come *Collateralized Debt Obligation* (CDO), garantite dai mutui stessi. "Garantite" vuol dire che utilizzavano i rimborsi dei mutuatari per pagare le cedole e rimborsare il capitale delle obbligazioni. Il giochino è allettante: a fronte dei bassi tassi d'interesse proposti in genere dal mercato finanziario, i CDO ne offrivano di ben più alti a causa del rischio dei mutui a garanzia. Più rischiosi i mutui, più alto il rendimento del CDO. Inoltre, il CDO "sembra" offrire delle tutele poiché suddivide apparentemente il rischio derivante dall'inaffidabilità dei mutuatari tra più investitori.

Questo è il punto focale della faccenda, ed è bene ripeterlo: il rischio che i mutuatari non siano più in grado di pagare le rate del mutuo (privando così la banca di investimento del flusso di soldi in entrata) viene suddiviso. Ovvero, si dice: se ho dieci proprietari di case e il rischio che uno di questi fallisca è il dieci per cento, allora sono ragionevolmente sicuro che almeno sette-otto dei miei mutuatari non falliranno. Se propongo investimenti garantiti dall'affidabilità di sette mutuatari su dieci, sono in una botte di ferro.

Riepilogando, due sono gli elementi di rischio dei CDO:

1) il fatto che siano garantiti da mutui, ovvero debiti

2) l'impossibilità di stabilire il livello effettivo di affidabilità del numero, spesso enorme, di mutui a garanzia, anche superiore a centomila.

Vi chiederete come mai questo rischioso giochino sia andato avanti per tanto tempo e in misura così ampia: le vendite dei CDO si sono impennate da 69 miliardi di dollari nel 2000 a circa 500 miliardi nel 2006[2]. Semplicemente perché qualche autorevole istituzione dava garanzie circa la loro affidabilità: ovvero, le agenzie di rating.

4. *Siete troppi: come faccio a sapere di chi fidarmi?*

L'autorevolezza delle agenzie di rating è enorme: molte istituzioni, fondi pensione, governi vincolano o sono comunque fortemente influenzati nelle loro decisioni di ac-

[2] B. McLean, J. Nocera, *All the Devils Are Here: The Hidden History of the Financial Crisis*, Portfolio-Penguin, New York 2010, p. 123.

quistare un prodotto finanziario, come un'obbligazione o un Buono del Tesoro, *sulla base della valutazione assegnata* dalle agenzie.

Sorvolando sul fatto che le agenzie hanno macinato fior di profitti nel valutare l'affidabilità dei CDO, c'è da chiedersi in che modo l'abbiano stimata – spesso assegnando il massimo punteggio: tripla A (AAA) – dato che, come abbiamo appena visto, il CDO è un oggetto garantito da un numero elevatissimo di debiti contratti da soggetti poco affidabili. Stimare se e come una simile baracca riuscirà a stare in piedi non è banale. La difficoltà è nascosta nel grado di dipendenza che esiste tra i vari livelli di rimborsabilità dei mutui posti a garanzia del CDO.

Facciamo un esempio pratico, per capire meglio di cosa si parla. Prendiamo un ospizio con un simpatico gruppo di dieci vecchietti cardiopatici, i quali decidono di andare a farsi una bella gita fuoriporta. Io, responsabile della casa di riposo, non mi fido affatto di lasciarli andare: ho paura che nel corso della giornata a uno dei dieci venga un infarto, o un altro malore fatale. Stimo che la probabilità che ciò accada sia del dieci per cento. Ovvero, che un vecchietto su dieci possa rimanere vittima della fatalità. Che probabilità ho di rivedere nove vecchietti vivi, la sera?

Be', dipende. Se i nostri vecchietti vanno a fare una passeggiata in città, posso stare tranquillo. Ma se vanno a fare una gita in pulmino, e l'infarto coglie il guidatore, allora non sono più così sicuro. E se andassero a fare una passeggiata in montagna, e per non perdersi si legassero l'un l'altro in cordata, e uno di loro scivolasse giù per un dirupo, allora posso anche evitare di preparare la cena...

Per valutare il rischio connesso al fallimento di un gran numero di mutui, devo quindi stabilire il grado di interdipendenza tra le persone che contraggono i mutui.

La situazione migliore è che la dipendenza sia modesta o, come si dice in modo più tecnico, la correlazione sia bassa. In questo caso l'affidabilità del CDO è massima e il rischio minimo e ben diversificato. In effetti, si può facilmente immaginare che il mancato rimborso di un mutuo sottoscritto da un dentista californiano abbia poco a che vedere con quello di un venditore di aragoste a Boston. Tuttavia, ci possono essere scenari peggiori in cui una causa *comune* tende ad aumentare la correlazione tra i mutui. Uno scenario analogo a quello di cui parlavamo all'inizio del capitolo: sebbene le vendite di gelati siano una cosa ben diversa dagli incendi, d'estate tendono ad aumentare entrambi.

Fermiamoci ora un attimo a osservare la nascita della tempesta perfetta provocata dalla bolla immobiliare: i prezzi delle case salgono perché sempre più persone – sempre meno affidabili – ricevono prestiti per acquistarle, diventa quindi possibile porre sempre più mutui a garanzia di sempre più CDO, il rendimento dei CDO sale perché il rischio aumenta, sempre più investitori cedono alla tentazione di comprarli, le banche che li vendono realizzano sempre più profitti che investono concedendo nuovi prestiti a persone ancora più inaffidabili convincendole ad acquistare casa con mutui a tasso variabile, ovvero con tassi di interesse quasi nulli per i primi anni, ma destinati a salire dopo un periodo ponte. E la giostra continua a girare imbarcando sempre più gente. Finché...

Alla metà del 2004 la Banca Federale degli Stati Uniti decide di iniziare ad aumentare i tassi di interesse per calmare la febbre. Ovviamente, l'intento è di farlo senza ammazzare il malato, in gergo si tenta un "atterraggio morbido".

In realtà sarà uno schianto.

Il progressivo rialzo dei tassi impedisce a sempre più sottoscrittori di mutui a tasso variabile di rinegoziare il debito a tassi più convenienti, una volta giunti alla fine del periodo ponte durante il quale gli interessi erano quasi nulli. Iniziano le insolvenze e i prezzi delle case a poco a poco smettono di aumentare. Ci siamo...

A metà 2006 i prezzi delle case, raggiunto il loro massimo, mostrano i primi segnali di voler diminuire. Le insolvenze aumentano e iniziano quindi a diminuire i flussi finanziari a garanzia dei CDO che cominciano a non essere più in grado di pagare cedole e rimborsi a scadenza. Il meccanismo inizia ad avvitarsi su se stesso con esiti catastrofici via via che i prezzi delle case scendono.

Cerchiamo di capire quanto può essere importante il ruolo della correlazione, ovvero della interdipendenza tra la solvibilità dei debitori che alimentano con i loro pagamenti i flussi finanziari di un CDO. Supponiamo che il CDO abbia a garanzia cinque mutui, ognuno con probabilità, diciamo, del 5% di non essere onorato. *Se la correlazione è trascurabile*, la probabilità che tutti e cinque non vengano onorati è pari a 0,05 elevato alla quinta potenza, ovvero una parte su 3,2 milioni. Bassa, vero? Questo è il motivo per cui le agenzie di rating concedevano la valutazione AAA, la migliore, a obbligazioni aventi a garanzia mutui *subprime* aperti da persone finanziariamente poco affidabili. Supponiamo ora che, a causa dello sgonfiamento della bolla, tutti i mutuatari inizino a comportarsi *allo stesso modo* (correlazione perfetta, come i nostri vecchietti in cordata). Qual è la probabilità di default del gruppo di mutui? È identica a quella di un singolo mutuo, ovvero il 5%. Il che vuol dire che il rischio è aumentato di 160.000 volte!

La domanda è: erano in grado le agenzie di rating di comprendere il grado di correlazione tra i mutui, tenendo conto che ogni CDO, come abbiamo detto in precedenza, può arrivare a contenere centinaia di migliaia di mutui? Il problema potrebbe avere una soluzione semplice se esistesse una storia pregressa dei CDO, ovvero se questi strumenti fossero stati utilizzati già da molti anni e fossero stati disponibili dati sul loro grado di affidabilità. Questo è quello che, ad esempio, accade quando d'estate i meteorologi sulla base delle serie storiche a disposizione garantiscono che ad agosto le temperature non supereranno, diciamo, i 40 gradi, con una probabilità del 10%. Ma per i CDO queste serie storiche non erano disponibili.

E qui arrivano i modelli e le loro predizioni. Prima di descriverne un esempio, diamo uno sguardo alle loro previsioni. Le stime sui fallimenti di un CDO a cinque anni erano pari allo 0,12%. In realtà, ne fallirono quasi il 30%, ovvero circa 250 volte di più[3]. Come mai? Mbe', abbiamo visto che variare il grado di correlazione tra i mutui può modificare la probabilità di rimborso di una obbligazione garantita da questi ultimi anche di 160.000 volte. I modelli si sono basati su ipotesi circa le correlazioni evidentemente buone, ma non così tanto da dare origine a previsioni con accettabili margini di accuratezza e precisione.

5. *La copula che ha generato il caos*

Come abbiamo visto, per calcolare il rischio di un gran numero di eventi si deve innanzitutto essere in grado di stimare quantitativamente la loro correlazione, ovvero di appioppare a ogni coppia di eventi un numero che ne stimi la reciproca influenza. Per affibbiare tali numeri, non potendo calcolare l'esplicita relazione tra qualche miliardo di coppie di mutuatari, si fa ricorso a dei modelli.

Uno di questi modelli, detto "a copula gaussiana", è stato addirittura additato come quello che ha condotto alla formula che ha ucciso[4] o abbattuto[5] Wall Street. La sua storia è tanto affascinante quanto terrificante nelle conseguenze. In buona sostanza si basa sulla sindrome del cuore spezzato: quando in una coppia di anziani molto legati uno dei due muore, l'altro lo segue più o meno a breve. Questa triste evenienza non è ovviamente sfuggita alle attente compagnie di assicurazione, che hanno iniziato a studiarla utilizzando uno

[3] Silver, *The Signal and the Noise* cit., p. 21.

[4] F. Salmon, *Recipe for Disaster: The Formula That Killed Wall Street*, in "Wired", 23 febbraio 2009.

[5] S. Jones, *The Formula that Felled Wall St*, in "Financial Times", 24 aprile 2009.

strumento statistico detto *copula*, usato per descrivere il grado di dipendenza tra variabili casuali. L'obiettivo era chiaro: cercare di capire quanto Romeo avrebbe campato ancora dopo la morte di Giulietta, senza sapere nulla di Romeo se non che era diventato vedovo.

Messa così, è piuttosto chiaro perché le sorti di due innamorati potevano interessare non solo alle compagnie di assicurazioni ma anche a Wall Street: basta sostituire alla parola "innamorato" la parola "mutuo" o "impresa" e ottenere una risposta alla domanda che tutti si stavano ponendo nel mondo finanziario durante la crescita esponenziale dei CDO: come faccio a sapere se l'insolvenza di un soggetto può essere correlata a quella di un altro, senza sapere nulla di entrambi? La risposta, o presunta tale, a questa domanda giunge nel 2000 ad opera dello statistico attuariale David Li che formula l'ipotesi che la miglior forma della copula sia quella gaussiana[6]. La curva gaussiana, detta anche "a campana", è una funzione molto utilizzata in fisica, introdotta dal matematico e fisico tedesco Carl Friedrich Gauss nel 1800. La formula di Li iniziò lentamente ad essere sempre più utilizzata *in virtù della sua notevole semplicità d'uso*.

Abbiamo spiegato spesso, fin qui, che per poter dare in pasto un modello a un calcolatore occorre un modello che sia una caricatura della realtà che ne colga gli aspetti salienti. La formula di Li è una ricetta semplice, ma non solo: purtroppo, è anche semplicistica. Detto in soldoni, la popolarità di questa formula è dovuta al fatto che era facile da usare, e non al fatto che fosse corretta...

Il 10 agosto del 2004 l'agenzia di rating Moody's la incorpora nella sua metodologia di valutazione dei CDO. È interessante notare che in precedenza Moody's aveva raccomandato di utilizzare, come garanzia dei CDO, non solo mutui immobiliari ma anche, ad esempio, i prestiti d'onore

[6] D.X. Li, *On Default Correlation: A Copula Function Approach*, in "Journal of Fixed Income", IX, 2000, 4, pp. 43-54.

degli studenti o i debiti sulle carte di credito[7]. Questa pratica risponde a una sana richiesta di diversificazione del rischio, come dire, al saggio avvertimento di non mettere tutte le uova nello stesso cestino. La formula di Li suggeriva invece un modo, molto semplice, per poter calcolare in caso di caduta il numero di uova rotte nell'unico cestino dove erano state poste.

Questa falsa certezza, resa ancora più accattivante dall'elegante veste matematica in cui veniva proposta, diede l'impressione di poter aggirare le tradizionali norme di cautela. Una settimana dopo Moody's, anche l'altra grande agenzia di rating Standard & Poor's modificò la sua metodologia di analisi. Il numero di CDO garantiti solo da mutui *subprime* e valutati come massimamente affidabili (rating AAA) iniziò ad esplodere. Gli investitori avevano sempre più voglia di finanziare il debito, che così diventò sempre più a buon mercato[8], infiammando allo stesso tempo il mercato immobiliare e quello finanziario. Nel 2000 i CDO valevano circa qualche decina di miliardi di dollari, ma nel 2007 ne erano stati emessi per duemila miliardi di dollari.

I primi scricchiolii del palco dove tutti danzavano iniziarono ad essere avvertiti alla fine del 2006, ma nessuno fece caso a quei pochi mutuatari che si dichiararono insolventi. La bolla esplose nell'estate del 2007. È stato scritto che il modello di Li era riuscito a cambiare la realtà che stava cercando di rappresentare[9]. Le banche improvvisamente smisero di fidarsi le une delle altre e cessarono di prestarsi soldi dando origine al cosiddetto *credit crunch*, alla mancanza di liquidità. Improvvisamente tutto diventava correlato e in un modo che la formula di Li non era in grado di prevedere. La repentinità e la dimensione del fenomeno colpì anche la regina di Inghilterra,

[7] Jones, *The Formula* cit.

[8] Una cosa del genere sta avvenendo con gli affidabili titoli di Stato tedeschi, i Bund. Poiché molto ambiti, corrispondono interessi molto bassi.

[9] Jones, *The Formula* cit.

che nel novembre del 2008 chiese ai numerosi economisti, accorsi all'inaugurazione di una nuova ala della prestigiosa London School of Economics, come mai nessuno lo avesse previsto. Una risposta interessante arrivò nell'agosto del 2009 da parte di alcuni autorevoli accademici britannici che, senza mezzi termini, accusarono l'economia di essere diventata un ramo della matematica applicata, dimenticando che una descrizione della realtà non poteva fare a meno della filosofia, della psicologia e della storia economica[10].

La deludente lezione finale? Un modello non è nient'altro che una caricatura della realtà. Possiamo, se la caricatura è fatta bene, riconoscere ciò di cui si parla, ma dobbiamo ricordarci che una caricatura trascura talmente tante cose che non possiamo affidarci ad essa per diagnosticare una malattia...

[10] La godibilissima lettera (in inglese) è reperibile all'indirizzo http://www.feed-charity.org/user/image/queen2009b.pdf.

5. High-frequency trading

Smettere di fumare è facilissimo.
L'ho fatto migliaia di volte.

George Bernard Shaw

Siamo all'inizio del 1994. Juan Pablo Dávila, trader della compagnia statale cilena Codelco, in un momento di probabile stanchezza clicca con il mouse sul tasto "comprare", quando la sua intenzione era di impartire l'ordine "vendere". Qualche momento dopo, accortosi del casino, tenta di riparare all'errore piazzando una serie di investimenti azzardati sulla borsa metalli, il settore del quale è esperto.

Esperto in cosa, però, non è chiaro. Perché i primi tentativi non fanno altro che aumentare le perdite e costringerlo a ulteriori investimenti di entità ancora più consistente. I quali andranno a puttane esattamente come i precedenti. E cosa fa per rimediare, a questo punto, il buon Dávila?

La facciamo breve: alla fine della giornata, Juan Pablo Dávila riuscirà a perdere lo 0,5% del prodotto interno lordo del proprio Paese (circa 207 milioni di dollari) completamente da solo. La sua instancabile solerzia, pur vedendolo punito a livello penale, lo vedrà premiato con l'immortalità che solo la linguistica sa conferire. I cileni, infatti, coniano un verbo nuovo, che esprime in una sola parola il difficile concetto "incasinare le cose fino al punto che è impossibile rimetterle a posto".

Come probabilmente avrete immaginato, il verbo è *davilar*.

1. *Umani contro computer: ovvero, robustezza contro velocità*

"Ci vogliono cinquecentomila microsecondi per piazzare un ordine in Borsa, semplicemente il click di un 'mouse'. Ma se sei un algoritmo operante a Wall Street e sei cinque microsecondi indietro, sei un perdente".

Questa dichiarazione di Kevin Slavin, docente al Media Lab del MIT, riassume bene le prestazioni a cui sono chiamati gli algoritmi che operano nel mercato finanziario dominato dalle transazioni elettroniche ad altissima frequenza, il cosiddetto *high-frequency trading* (HFT), un mondo dove i computer esaminano una transazione in meno di un microsecondo, e perderne uno, di microsecondo, può comportare in un anno perdite che qualcuno stima in cento milioni di dollari.

Se consideriamo, cinque microsecondi sono cinque milionesimi di secondo: un tempo lungo il quale l'essere umano è letteralmente congelato. Dato che all'interno del nostro sistema nervoso i segnali viaggiano a circa 100 metri al secondo, in cinque milionesimi di secondo il cervello non riuscirebbe nemmeno a mettere in comunicazione due aree differenti della corteccia, figuriamoci distinguere tra due persone che smanaccano in modo inconsulto, come gli agenti di Borsa dei film anni Ottanta.

L'idea è la solita, quindi: perché utilizzare un lento ed emotivo essere umano invece di uno scattante e algido robot? Forse perché, correndo troppo e tutti insieme[1], talvolta si inciampa e si cade rovinosamente. Come accadde il 6 maggio del 2010.

Quel giorno i robot che gestivano le transazioni sugli ordini a Wall Street impazzirono per pochi minuti, tra le 14:42 e le 15:07 ora locale. L'episodio è ricordato in tutti gli ambienti finanziari come *flash crash*. L'indice Dow Jones arrivò

[1] Nel 2010 il volume di scambi gestiti da algoritmi HFT era pari al 50% del totale, nel 2012 si è arrivati a circa il 70%.

a perdere in pochi minuti quasi il 10% del suo valore – la più grande perdita in un singolo giorno della sua storia – per poi riassestarsi su livelli più consueti. Furono necessari quasi cinque mesi di investigazioni agli organismi di controllo del mercato finanziario americano, tra i quali la Securities & Exchange Commission (SEC), per comprendere quanto accaduto[2].

Il pomeriggio del 6 maggio si era aperto con una grossa vendita da parte di un fondo comune di investimento. Gli effetti depressivi di questa grossa vendita furono amplificati dagli algoritmi HFT che innescarono una spirale al ribasso dei prezzi, poiché istruiti a vendere comunque se il prezzo del titolo scende al di sotto di un minimo predefinito[3]. Questi titoli a prezzo scontato diventavano appetibili per altri algoritmi HFT e venivano subito riacquistati per essere rivenduti poco dopo a causa della progressiva discesa dei prezzi. Durante quei pochi minuti si verificò, usando l'espressione della SEC, un effetto "patata bollente", per cui i titoli venivano freneticamente acquistati e rivenduti alla folle velocità di circa ventisettemila operazioni ogni quattordici secondi. La caduta a vite dei prezzi cessò solo quando le procedure automatizzate vennero arrestate e riprogrammate per operare in modo più cauto, ed evitare di reagire istantaneamente a eventuali rapide variazioni di prezzo – una pratica in seguito diventata obbligatoria[4].

Ci sono stati dei danni economici a seguito del *flash crash*? Purtroppo, sì: gli ordini di vendita di tipo *stop-loss* non garantiscono una vendita al di sopra del prezzo minimo pattuito. Si attivano solo quando il prezzo scende al di sotto della soglia;

[2] T. Lauricella, K. Scannell, J. Strasburg, *How a Trading Algorithm Went Awry*, in "The Wall Street Journal", 2 ottobre 2010.

[3] Questo tipo di ordine prende il nome di *stop-loss order*.

[4] U.S. Commodity Futures Trading Commission, U.S. Securities & Exchange Commission, *Findings regarding the market events of May 6, 2010*, pp. 6-7 (http://www.sec.gov/news/studies/2010/marketevents-report.pdf).

ma se il mercato è in caduta libera la vendita avverrà dopo qualche microsecondo, sufficiente comunque a raggiungere prezzi sensibilmente inferiori, causando notevoli perdite al risparmiatore. Il 6 maggio 2010 la perdita di valore del mercato è stata stimata in un trilione, ovvero mille miliardi, di dollari.

Sbagliare è umano, si dirà. Dopo questo episodio, i solerti controllori dei mercati avranno senza dubbio preso provvedimenti.

In parte sì, ma non del tutto. Nonostante alcuni correttivi, altri episodi si sono verificati a causa della spropositata differenza tra i tempi necessari al controllo umano e i tempi sufficienti per le decisioni di un robot. Il 18 maggio 2012, quando le azioni di uno dei più famosi social network, Facebook, furono offerte per la prima volta sul mercato americano dei titoli tecnologici – il NASDAQ –, il volume delle richieste, per più del 70% gestito dai canali HFT, è stato tale da bloccare il mercato per decine di minuti impedendo a numerosi investitori di capire se avevano venduto o acquistato le azioni secondo i loro piani. Di conseguenza, molti di essi hanno ripetuto gli ordini creando ulteriore confusione. Alla fine i danni sono stati rilevanti: la banca svizzera UBS ha subìto perdite per circa 350 milioni di dollari, mentre la compagnia finanziaria Knight Capital per circa 35 milioni[5]. Quest'ultima il 1° agosto 2012 ha inoltre perso più di 400 milioni di dollari a causa di un'erronea modifica negli algoritmi finanziari utilizzati. Poche settimane prima del caso di Facebook, il terzo mercato azionario americano, il BATS, era stato costretto addirittura a cancellare l'offerta pubblica di acquisto delle sue azioni sempre per problemi legati agli algoritmi di compravendita, che avevano anche causato un'interruzione di circa cinque minuti nelle contrattazioni relative al titolo Apple e un suo immoti-

[5] C. Clark, *How to keep markets safe in the era of high-speed trading*, in "Chicago Fed Letter", CCCIII, 2012, pp. 1-2 (http://www.chicagofed.org/digital_assets/publications/chicago_fed_letter/2012/cfloctober2012_303.pdf).

vato deprezzamento di circa il 9%[6]. Il NASDAQ ha avuto un'altra interruzione di circa due minuti – un'eternità, ormai lo abbiamo capito, quando una compravendita si conclude in pochi miliardesimi di secondo – sul finire dell'agosto 2013. La paralisi e la confusione che ne sono seguite hanno ancora una volta confermato l'estrema fragilità di mercati basati su algoritmi che cercano di maneggiare enormi quantità di dati alla velocità del fulmine. Detto in termini informatici, mercati basati su algoritmi HFT non sono *robusti*: ovvero, mostrano deviazioni di comportamento marcate, anche a seguito di piccolissimi cambiamenti delle informazioni in entrata.

I computer finanziari ultraveloci hanno anche un altro tipo di instabilità: non hanno sangue freddo e si fanno prendere in giro facilmente. Gli algoritmi HFT di cui sono dotati sono in grado di leggere le ultime notizie diffuse via internet. Il 23 aprile del 2013 un falso "cinguettio" diffuso tramite il social network Twitter rivelava un presunto attentato alla Casa Bianca. La "bufala" ha terrorizzato gli algoritmi HFT e ha innescato vendite che hanno depresso, in una manciata di minuti, di pochi punti percentuali le quotazioni della Borsa statunitense: non così tanto da far scattare le norme di sicurezza sviluppate dopo gli eventi del maggio 2010, ma a sufficienza da far sorgere ancora una volta dubbi consistenti sulla robustezza dei mercati quando controllati da computer e non da esseri umani e, ovviamente, da far subire nuove perdite ai proprietari delle azioni svendute a basso prezzo durante l'ennesimo *flash crash*. Negli anni passati, infatti, "bufale" di questo tipo si sono di volta in volta affacciate sui mercati, ma lo scetticismo degli operatori umani le ha sempre ridimensionate rapidamente. I computer non sembrano finora essere stati dotati dello stesso sangue freddo.

I *flash crashes* avvengono solo negli Stati Uniti? Il 16 agosto 2013, in Cina, l'indice della Borsa di Shanghai è schizzato

[6] *Ibid.*

verso l'alto del 6% in due minuti. Il 4 marzo dello stesso anno il volume delle contrattazioni dei *futures* in Giappone era diminuito di più del 90% a causa di un'interruzione protrattasi per diverse ore nei servizi informatici ad Osaka. Il 5 ottobre del 2012 un ordine di compravendita sbagliato ha fatto scendere del 16% l'indice indiano di Borsa in otto secondi.

E qui da noi? Le autorità finanziarie europee sono molto caute sull'argomento. Molti pensano che in Europa il ruolo delle operazioni affidate agli algoritmi sia meno importante che negli Stati Uniti (coinvolgono circa il 40% delle transazioni) e che i meccanismi di controllo siano sicuri. Tuttavia, il 17 aprile 2013 è stato registrato un crollo nelle quotazioni dell'indice di Borsa tedesco di più del 2% in pochi minuti senza motivo apparente. Il dito è stato subito puntato contro gli algoritmi HFT, anche se i responsabili della Borsa di Francoforte hanno teutonicamente escluso qualunque problema nelle operazioni gestite per via elettronica. Le spiegazioni alternative circolate sono contrastanti, e vanno dal semplice errore umano a voci su una possibile riconsiderazione del debito tedesco da parte delle agenzie di rating. Come abbiamo visto nelle pagine precedenti, entrambi gli enti in questione sono in grado di fare casino senza dover invocare gli algoritmi ad alta frequenza...

Lo stato dell'arte

Dove si parla di simulazioni e realtà virtuale,
e si spiega in che modo il computer influenzi
la nostra vita al giorno d'oggi

6. Realtà virtuale e simulazioni

Rigore è quando arbitro fischia.

Vujadin Boškov

Quasi sicuramente molti di voi avranno visto *The Truman Show*, film del 1998 che, nel solco di Platone e di Shakespeare, tratta in modo esilarante – e amaro – il tema della realtà illusoria. Vi si racconta la vicenda di un trentenne, Truman Burbank, "adottato" al momento della nascita da una rete televisiva che pensa bene di allestire un'incredibile messinscena facendolo crescere in una finta cittadina dove ogni sua mossa è costantemente ripresa da telecamere. Genitori, amici e moglie sono attori e tutto è artificiale, dall'alternarsi del giorno e della notte alle condizioni meteo. Arriva il giorno in cui Truman si rende conto di essere il protagonista inconsapevole di un *reality show*, ed ecco il breve colloquio che si svolge tra lui e il regista Christof:

TRUMAN Chi sei tu?
CHRISTOF Sono il creatore... di uno show televisivo che dà speranza, gioia ed esalta milioni di persone.
TRUMAN E io chi sono?
CHRISTOF Tu sei la star!
TRUMAN Non c'era niente di vero?
CHRISTOF Tu eri vero! Per questo era così bello guardarti. Ascoltami Truman, là fuori non troverai più verità di quanta non ne esista nel mondo che ho creato per te... le stesse ipocrisie, gli stessi inganni; ma nel mio mondo tu non hai niente da temere... Io ti conosco meglio di te stesso!
TRUMAN Non ho una telecamera nella testa!
CHRISTOF Tu hai paura... per questo non puoi andare via. Stai tran-

quillo... ti capisco. Ho seguito ogni istante della tua vita. Ti ho seguito quando sei nato. Ti ho seguito quando hai mosso i tuoi primi passi. Ti ho seguito nel tuo primo giorno di scuola. Il momento in cui hai perso il tuo primo dentino... come fai ad andartene? Il tuo posto è qui, con me! Dài... di' qualcosa... accidenti Truman, vuoi parlare? Siamo in televisione! Sei in diretta mondiale!
TRUMAN Buongiorno... e casomai non vi rivedessi, buon pomeriggio, buonasera e buonanotte!

Truman vive in una realtà artificiale che riproduce un tranquillo ambiente cittadino. Il fatto che sia stato capace di svelare l'inganno, anche se dopo una trentina d'anni, un po' ci rassicura: il diabolico regista ha fatto la pentola ma, come al solito, non il coperchio.

Vale la pena di osservare, qui, che per il protagonista e il regista stanno succedendo due cose diverse. Dal punto di vista, passivo, di Truman, quella in cui vive è una realtà fittizia: un mondo regolato da leggi diverse da quelle di natura, prestabilite da un sistema *che non è quello in cui Truman è convinto di vivere*. Truman non è consapevole, almeno all'inizio, di essere immerso in un mondo diverso da quello che crede.

Dal punto di vista, attivo, di Christof, quella che ha messo in piedi è una *simulazione*: ovvero, un piccolo mondo artificiale, di dimensioni ridotte, nel quale riprendere e mostrare l'evoluzione di un sistema (nella fattispecie, Truman).

Entrambe le attività, oggi, sono perlopiù svolte dai computer, ma è necessario rimarcare questa differenza. Simulare significa avere un ruolo attivo nella comprensione dei fenomeni del mondo (anche se poi li usiamo per scopi bastardi come Christof); fare uso di realtà virtuale significa consegnarsi in modo passivo, sperando che le sensazioni e le emozioni che ci vengono offerte siano il più possibile simili al mondo reale, con la differenza che scegliamo noi quali sensazioni vogliamo vivere. La differenza tra i due aspetti, molte volte, sta semplicemente da che parte del fenomeno ci poniamo, e in che modo decidiamo di interagirci: sempre che abbiamo la possibilità di capire *quando* siamo in una realtà virtuale.

In una realtà virtuale prendiamo parte a eventi immaginari nell'istante in cui avvengono: un pilota di Formula 1 si addestra in un Gran Premio virtuale a schivare i concorrenti e guadagnare posizioni proprio come in un vero circuito. Qui il computer agisce da illusionista. Ma, molto spesso, più che illusioni chiediamo a queste macchine *previsioni*, sperabilmente attendibili. Come a un mago. E, come ogni mago che si rispetti, dobbiamo dotarlo di una sfera di cristallo, per sapere se un asteroide cadrà sulla Terra, se il tempo sarà bello nella settimana di ferie sognata per un anno, se la Borsa salirà nei prossimi mesi, se il piano del traffico per risolvere gli ingorghi nel centro storico funzionerà, se un certo farmaco sarà efficace, se una reazione chimica o nucleare accadrà, se un nuovo tipo di aereo potrà volare e una nave affrontare una tempesta.

Se, se, se... Bene, a chi pone domande del genere non gliene frega niente dei mondi virtuali. Per dire, non ci cambierà la vita compiere una passeggiata virtuale sulla superficie dell'asteroide che da qui a poco ci piomberà addosso tra capo e collo. E al vacanziere in partenza interessa sapere *solo* se splenderà il sole sulla spiaggia o la montagna che ha sognato nei freddi mesi invernali. Basta l'icona del sole sulla cartina meteo per renderlo felice. Ecco, ci sono situazioni in cui ci interessa sapere solo il giusto: pioverà o non pioverà? ci prenderà in pieno o ci sfiorerà? Qui il computer interpreta il ruolo dell'oracolo.

Benvenuti nel mondo delle simulazioni. Quante domande possiamo porci e non essere in grado di dare risposta per i motivi più disparati: poco tempo, pochi soldi, o perché l'oggetto del nostro interesse è troppo piccolo (come un atomo), troppo grande (come l'universo) o troppo complesso (il piano del traffico di una metropoli) o perché neanche abbiamo avuto il piacere di incontrarlo in carne e ossa come la misteriosa materia oscura. Questo è pane per i computer. Una simulazione è nient'altro che un algoritmo – ebbene sì: ancora lui – eseguito da un computer. L'algoritmo traduce in formule la nostra domanda costruendo un modello del problema che interessa.

Di tratta di un passo estremamente delicato perché un

modello deve essere essenziale e tralasciare ogni aspetto superfluo per diventare il più agile possibile. Cosa semplice a dirsi, meno a farsi: mentre per un atleta il superfluo da eliminare è certamente il grasso corporeo, dove sia la ciccia in un modello non è altrettanto ovvio, e il rischio è di buttare via il bimbo con l'acqua sporca. Spesso, infatti, il problema che ha generato la domanda si riferisce a qualcosa di complesso, un termine che definiremo meglio nelle prossime pagine: ha molte incognite, alcune importanti, altre meno. Ma, almeno inizialmente, non sappiamo bene come separarle in queste due famiglie. Per capire la difficoltà di sviluppare un modello affidabile ci affideremo ad un esempio.

1. *Colpi sotto la cintura*

Quando si sceglie un esempio per illustrare un concetto al vasto pubblico, e convincerlo della bontà di ciò che vogliamo asserire, l'esempio dovrebbe essere chiaro, emozionante e dare delle sensazioni forti e anche un po' schifose. Lo sapeva benissimo Sir Humphry Davy, uno dei padri della chimica moderna, che nei suoi esperimenti pubblici sull'effetto dell'ossido nitroso (meglio noto come gas esilarante) faceva inalare a volontari del pubblico robuste dosi dell'inebriante composto, per poi lasciarlo libero di agire come voleva. E qui l'esempio risultava convincente. Perché, magari, le risate scomposte del soggetto avrebbero potuto venire simulate, se il tizio fosse stato un grande attore. Ma le roboanti scorregge liberate dal volontario in seguito al rilassamento della muscolatura involontaria, di sicuro, no.

Fedeli alla gloriosa tradizione didattica anglosassone, anche noi procederemo con un esempio, diciamo così, per stomaci forti; per restare in tema di film, più Quentin Tarantino che Jim Carrey. Quindi, procedete nella lettura con cautela.

Qualche pagina fa abbiamo sottolineato che l'introduzione di nuove tecnologie crea sempre conseguenze inattese e spesso spiacevoli. L'avvento dell'automobile non ha fatto eccezione. Infatti, Karl Benz non aveva ancora inventato il motore a benzina (1886), che nell'estate del 1869 Mrs Mary Ward decideva di passare alla storia come il primo automobilista ucciso dal mezzo – a vapore – che guidava. Seguita nel 1899 da Henry Bliss, il primo pedone falciato da un'automobile a New York.

Da allora, si stima che più di 20 milioni di persone abbiano perso la vita in incidenti stradali qua e là nel mondo. Nella sola Italia *ogni* giorno spariscono circa dieci persone per lo stesso motivo. Da più di un secolo, quindi, la domanda è: "come realizzare un'automobile sicura?". Data la complessità del problema, è impensabile cercare una risposta risolvendo a mano equazioni scritte su un foglio di carta. Queste sono faccende da computer. Ma all'inizio del XX secolo se ne vedevano pochi in giro: il primo calcolatore elettronico digitale è stato realizzato negli Stati Uniti da John Atanasoff e Clifford Berry alla fine degli anni Trenta[1] e la sua potenza di calcolo era ridicola. Che fare, allora, visto che il problema della pericolosità dell'automobile può raffreddare il desiderio di acquistarne una? Dato che simulazioni numeriche non erano possibili, l'unica alternativa era procedere per via sperimentale.

Bene, ma chi mettiamo al posto di guida di un'auto che, poniamo il caso, mandiamo a sbattere contro un muro? Di volontari, è facile immaginare, se ne trovano pochi, a meno che non siano in grado di rifiutarsi. Ad esempio perché deceduti. È stato così che nel 1930 l'Università di Detroit iniziò a raccogliere dati su incidenti simulati, utilizzando automobili alla cui guida venivano posti – credeteci – cadaveri. La cosa andò avanti per parecchio tempo e ancora nel 1995 c'è chi si è preso la briga di calcolare che per ogni cadavere usato nella

[1] Per molto tempo è stato l'ENIAC, realizzato nel 1946, a fregiarsi del titolo di "primo computer". Solo nel 1973 una corte di Giustizia statunitense ha decretato che il brevetto dell'ENIAC era nullo, riconoscendo che quest'ultimo aveva numerosi punti in comune con quello di Atanasoff e Berry.

loro progettazione ogni anno 61 persone sopravvivono grazie alle cinture di sicurezza e 147 grazie all'air bag[2].

L'uso dei cadaveri presenta vari problemi. A parte questioni, diciamo così, etiche e di umana pietà, i dati statistici che nel corso degli anni sono andati accumulandosi hanno riguardato una tipologia precisa – adulti, bianchi, spesso anziani – non rappresentativa delle persone coinvolte in incidenti stradali. Ad esempio, era praticamente impossibile effettuare studi su bambini.

Se il caro estinto non veniva in aiuto, ecco arrivare in soccorso gli scavezzacolli. Pochi, ma buoni: come il mitico John P. Stapp, Ph.D., colonnello dell'aeronautica militare statunitense, soprannominato "l'uomo più veloce sulla faccia della Terra", che riuscì a convincere i grossi papaveri a finanziare i propri studi quando fece notare che morivano più piloti in incidenti stradali che non in volo. "Propri" qui è usato in modo completo: sì, perché era lo stesso colonnello Stapp che si faceva legare con cinture di sicurezza e sparare a velocità assurde a bordo di slitte su binari che venivano poi arrestate violentemente nel giro di un paio di secondi. All'impavido colonnello si devono due avanzamenti fondamentali per la società umana: in primo luogo, il conio e la diffusione della legge di Murphy, che nella sua versione originale recitava "Se possono fare qualcosa male, lo faranno", ed era riferita agli operai che montavano le cinture. In secondo luogo, l'introduzione obbligatoria delle cinture di sicurezza nelle automobili americane negli anni Sessanta. Lui stesso, in fondo, ne era un'ottima pubblicità: durante i test si ruppe solamente i polsi un paio di volte, e anche i suoi organi interni non devono aver risentito troppo delle continue frenate, dato che è morto nel 1999 a quasi novant'anni.

Ci si rese presto conto che persone del calibro di Stapp

[2] A.I. King, D.C. Viano, N. Mizeres, J.D. States, *Humanitarian benefits of cadaver research on injury prevention*, in "Journal of Trauma", XXXVIII, 1995, pp. 564-569.

sono rare, e alcune proposte alternative *in vivo* (tipo usare la suocera negli esperimenti) vennero inspiegabilmente bocciate. Stapp iniziò allora a progettare i manichini, che sono stati successivamente utilizzati per molti anni al posto degli esseri umani. Nel corso degli anni questi manichini sono diventati sempre più sofisticati, pieni di circuiti elettronici, per poter registrare ogni possibile effetto sul corpo umano legato a urti violenti. Inevitabilmente, sono lievitati i costi: uno di questi giocattoli può costare anche 150.000 euro. Più della macchina che li ospita, e che si distruggerà insieme a loro...

Simulare un incidente automobilistico al computer è sicuramente molto più a buon mercato e molto più flessibile nel proporre vari scenari possibili e permette di migliorare il prototipo di un veicolo prima che venga messo in produzione con evidenti risparmi economici. Tuttavia, questo è il punto, necessita di una quantità enorme di dati circa i mezzi coinvolti (fatti di acciaio, alluminio, plastica e altro) e gli occupanti (fatti di carne e ossa) per poter costruire un modello, ossia un algoritmo, affidabile, altrimenti è poco più che un videogioco. I primi tentativi, dopo decenni passati a trattare con cadaveri e costosi pupazzi, risalgono agli anni Ottanta. Oggi le simulazioni più accurate richiedono sempre l'enorme potenza di calcolo garantita solo dai supercomputer, ma cominciano a diffondersi sul mercato algoritmi semplificati che si possono eseguire anche su portatili o tablet.

L'uso del computer ha permesso di affrontare anche problemi strettamente collegati, come le collisioni in volo tra aerei e stormi di uccelli in grado di danneggiare seriamente i reattori del velivolo.

Che sia possibile simulare in modo molto realistico un incidente automobilistico lo dimostra il fatto che molte imprese si propongono di ricostruire lo scenario di un incidente sulla base dei rilievi compiuti dalle forze dell'ordine per verificare l'attendibilità della ricostruzione proposta, ad esempio, dalla parte avversa in una disputa legale. Di recente la rivista "National Geographic" ha ricostruito la dinamica del misterioso incidente d'auto che nel 1955 costò la vita a James Dean[3]. Si ignora se i produttori del film *Il gigante* abbiano chiesto risarcimenti a chicchessia.

2. *Problematiche relative a palle sempre più grosse*

La simulazione di un incidente d'auto è un buon esempio di evento difficile da tradurre in formule, poiché coinvolge oggetti molto differenti in forma e resistenza a forze intense che entrano in contatto tra loro in tempi brevissimi. In altri termini, è qualcosa di molto complesso. Non è sempre così: vi sono fenomeni più semplici da descrivere tramite modelli matematici, ad esempio l'urto tra due palline. Non cedete, per favore, alla facile metafora delle due palle e non sentitevi autorizzati a chiudere proprio ora il libro: il problema di come simulare un urto del genere apparirà sicuramente più elettrizzante (o terrorizzante) se identificheremo nelle "palline" la Terra e un asteroide in pericoloso avvicinamento, oppure un satellite fuori controllo in orbita sopra la nostra testa, e ci porremo la domanda se ci cadrà addosso e magari dove, in modo da farci trovare da tutt'altra parte al momento dell'impatto. Messa così, anche se le palle in questione si sono ingrossate, dovete ammettere che la questione appare meno noiosa.

Nel 1998 ben due film, *Deep Impact* e *Armageddon-Giudizio finale*, si sono occupati della possibile caduta di oggetti celesti sulla Terra, rispettivamente una cometa e un asteroide, e hanno sviluppato trame molto avvincenti incentrate sui coraggiosi tentativi per evitare il peggio, purtroppo infruttuosi in *Deep Impact*[4]. Nel 2011 il regista Lars von Trier si è cimentato sullo stesso tema descrivendo gli ultimi giorni di vita di

[3] http://channel.nationalgeographic.com/channel/videos/james-deans-death/.

[4] Alcune questioni fisiche sostanziali, nei film in questione, sono state bellamente ignorate: per esempio, in *Armageddon* vengono usate armi da fuoco nello spazio profondo; ma con quale ossigeno dovrebbe avere luogo

due sorelle in attesa della collisione tra la Terra e il pianeta Melancholia. Esiste una benché minima probabilità che dalla finzione si passi alla realtà? Be', in passato è già accaduto, e con esiti catastrofici, e pochi anni fa per un po' abbiamo temuto che la cosa potesse ripetersi. Ma andiamo per ordine.

Circa 66 milioni di anni fa, alla fine dell'era mesozoica, un asteroide di enormi dimensioni, circa 10 km di diametro, cadde in prossimità della penisola dello Yucatan in Messico, creando un cratere di 180 km di diametro e 20 di profondità, detto di Chicxulub dal nome della città che oggi sorge vicino al suo centro. L'evento provocò maremoti devastanti e terremoti di inaudita violenza, accompagnati da eruzioni che cancellarono quasi tre quarti della vita vegetale e animale sulla Terra, compresi i dinosauri. Nonostante tutto questo sconquasso, è interessante notare che le prime prove in grado di confermare questo catastrofico impatto tra la Terra e un meteorite sono state prodotte solo nel 1980 osservando la presenza di un'anomala quantità di iridio – un elemento metallico piuttosto raro sulla Terra ma assai meno nelle comete e nelle meteoriti – negli strati terrestri risalenti al Cretaceo, periodo in cui avvenne l'urto[5]. Lo spazio intorno a noi è molto trafficato e qualche sasso che gira sopra le nostre teste pensa bene ogni tanto di venirci a fare visita.

Nella mitologia egizia *Apòfi* è la divinità che rappresenta il buio e il Caos, nemica del Dio-Sole Ra. Si è giustamente pensato di assegnare questo nome a un asteroide di circa 300 m di diametro – più o meno come tre campi da calcio –, che ha causato un bel po' di grattacapi alla fine del 2004. Alcune simulazioni al computer avevano predetto che avrebbe urtato la Terra nel 2029 con una probabilità intorno al 2%. Può

la reazione che dà luogo all'esplosione del proiettile? Ma forse siamo troppo pignoli...

[5] L.W. Alvarez, W. Alvarez, F. Asaro, H.V. Michel, *Extraterrestrial Cause for the Cretaceous-Tertiary Extinction*, in "Science", CCVIII, 1980, pp. 1095-1108.

sembrare piccola, ma in realtà è una stima allarmante dato che il modello matematico utilizzato per predire la sua traiettoria, pur semplice da scrivere in forma matematica, presenta comunque delle incertezze. Niente paura, comunque: fortunatamente, nel corso degli ultimi anni sono stati raccolti dati più accurati che hanno permesso di escludere l'urto, anche se *Apòfi* si avvicinerà parecchio alla Terra, raggiungendo la distanza minima di circa 30.000 km il 13 aprile del 2029. Quel giorno, secondo la NASA e NEODys – un servizio di allerta sviluppato dalle Università di Pisa e di Valladolid, in Spagna – il "sasso" si troverà più vicino a noi dei satelliti geostazionari per telecomunicazioni che orbitano attorno al nostro pianeta[6]. Ed è certo che ci mancherà anche quando tornerà vicino alla Terra nel 2036, secondo quanto è stato accertato.

3. *L'"effetto farfalla" e l'importanza delle condizioni iniziali*

Nella simulazione di un incidente automobilistico il problema principale è la traduzione in forma matematica di cosa accade nell'urto tra due veicoli. In pratica, la parte complicata è la scrittura della ricetta numerica da seguire in tutti i suoi passaggi per ottenere un risultato accettabile.

Al contrario, la predizione dell'orbita di un corpo celeste è un problema matematico ingannevolmente semplice: sappiamo benissimo che la forza che regola il moto dei corpi celesti è quella gravitazionale scoperta da Newton e riusciamo quindi a scrivere le equazioni, molto semplici, in un batter d'occhio. La ricetta, quindi, ce l'abbiamo. Il problema sorge appena proviamo a cucinare, cioè a risolvere le dette equazioni. Tale problema, comune anche ad altre simulazioni, ad esempio nelle previsioni meteo, si chiama "caos". Conoscete la storia dell'"effetto farfalla"?

[6] http://www.jpl.nasa.gov/news/news.php?release=2013-017.

Il concetto contemporaneo di "previsioni del tempo" nasce a Boston, Massachusetts, nel 1963. Per la precisione, nei laboratori di calcolo numerico del MIT. Per essere ancora più precisi, nasce quando un signore di nome Edward decide, in un momento di pigrizia, di essere un po' meno preciso del solito.

Il signor Edward sta facendo delle simulazioni numeriche di previsioni meteorologiche; siccome è un tipo preciso, ogni simulazione viene mandata due volte, con gli stessi valori iniziali, per verificare che diano esattamente gli stessi risultati. D'altronde, il signor Edward è noto per essere un po' maniaco: tanto per darvi un'idea, quando era bambino Ed teneva una tabella con le temperature massime e minime registrate con il suo termometro di fronte alla casa dei suoi genitori, a West Hartford.

Insomma, il signor Edward sta ultimando di scrivere l'input (le condizioni iniziali) della seconda prova quando, per risparmiare tempo, al posto della condizione iniziale precedente (un precisissimo e rigoroso 0,506127) scrive 0,506. Del resto, siamo alla terza cifra decimale, e la differenza è di circa lo 0,02%. Che cosa succederà mai?

Succede un casino.

Il risultato della simulazione è completamente diverso da quello della prova precedente, con il numero corretto alla sesta cifra. Edward (che è maniaco) prova e riprova, e dallo sbigottimento totale passa piano piano alla convinzione che quello che sta succedendo è dovuto all'effetto di una variazione delle condizioni iniziali di un fattore infinitesimale. Per dirla con le parole dello stesso Edward, "il battito d'ali di un gabbiano potrebbe cambiare il corso del tempo atmosferico per sempre".

Poi, per ragioni squisitamente poetiche, il gabbiano è diventato una farfalla, ed è stata posizionata in vari posti, fino a giungere alla versione più nota e catastrofica dell'aforisma: "il battito d'ali di una farfalla in Brasile potrebbe causare un tornado in Texas".

E il bello è che è vero.

Grazie ad Edward Lorenz, era ufficialmente nata la *teoria del caos*. Ovvero, la teoria dei sistemi che cambiano comportamento in modo radicale a seguito di un mutamento infinitesimale delle loro condizioni iniziali.

4. *Tecnica delle previsioni del tempo*

Prima di vedere da dove nasce questo caos, e per quale motivo il cambiamento di un'unghia possa provocare tutto 'sto casino, andiamo a vedere come sono fatti i modelli per la previsione del tempo atmosferico.

Fondamentalmente, un algoritmo per le previsioni meteorologiche ti deve dire che tempo farà domani in un dato posto, sapendo che tempo fa oggi in quel dato posto e nei dintorni. Per questo, lo schema di calcolo è così pensato:

1) divisione del mondo in griglia di punti

2) assegnazione delle condizioni iniziali

3) evoluzione temporale di un passo *t* (secondo, minuto, ora, ecc.)

4) valutazione delle previsioni ottenute

5) aggiornamento delle condizioni iniziali (ritorno al punto 2).

1) *Divisione del mondo in una griglia di punti* La superficie terrestre viene divisa come una specie di gigantesca scacchiera, e al centro di ogni casella poniamo il nostro sistema di rilevamento. Ogni casella della scacchiera è quindi centrata su di un luogo fisico dove può esserci una città, un fiume, un campo, e via dicendo. Siccome il tempo atmosferico dipende per l'appunto da ciò che capita nell'atmosfera (ovvero nello strato di gas che avvolge il nostro pianeta), dobbiamo sapere cosa succede anche sopra di noi, non solo a livello del mare. Per questo, anche lo strato atmosferico più interno (solitamente la troposfera e la stratosfera, fino a circa 50 km di altezza) viene suddiviso e fatto a cubettini. Abbiamo ottenuto

così una rappresentazione discreta dell'atmosfera del nostro pianeta: ogni area della superficie terrestre è rappresentata da un fazzoletto di terra di una certa superficie (tipicamente un quadratino di 10-100 km di lato) e lo spazio soprastante a sua volta è suddiviso in cubetti. Un po' come se avessimo ricostruito l'atmosfera con il Lego.

2) *Assegnazione delle condizioni iniziali* A questo punto, dobbiamo stabilire le condizioni iniziali, ovvero specificare che tempo fa all'interno dei nostri cubetti al tempo zero della nostra simulazione. Per farlo, prenderemo semplicemente i dati meteorologici in nostro possesso al momento dell'inizio del calcolo: a Milano c'è nebbia, a Messina splende il sole, a Lucca piove, ecc. E siccome non possiamo dargli queste informazioni in forma verbale, perché il nostro modello mangia solo numeri, noi numeri gli daremo. I numeri in questione sono la temperatura, l'umidità (concentrazione di acqua nell'aria), la pressione atmosferica, l'angolo d'incidenza dei raggi solari, ecc. A ognuna di queste multiplette (o, in italiano corrente, sfilze di dati) corrisponde una precisa situazione atmosferica: alta pressione, bassa umidità, temperatura di 22°C significa solitamente "bel tempo". Abbiamo, quindi, detto al nostro sistema come partire. Tornando al nostro esempio concreto e limitandoci all'analisi della sola temperatura, è un po' come se avessimo preso singolarmente ogni cubetto di Lego e lo avessimo riscaldato o raffreddato fino alla temperatura corrispondente a quella della situazione iniziale.

3) *Evoluzione temporale di un passo t* Abbiamo dunque messo i nostri cubetti Lego, ognuno ad una temperatura differente, nel nostro cielo artificiale. Adesso dobbiamo vedere come si evolve la temperatura. In pratica, non facciamo altro che aspettare un certo lasso di tempo e poi misurare la temperatura di ogni cubetto, simultaneamente. Il calore passerà dai cubetti caldi a quelli freddi, cambiando la temperatura di ognuno: e noi, misurando la temperatura al centro delle facce libere di ogni cubetto a intervalli, poniamo, di un minuto,

siamo in grado di ricostruire la dinamica del calore stesso all'interno del nostro sistema.

A livello di calcolo, facciamo esattamente la stessa cosa: dopo aver inserito i dati iniziali (temperatura, pressione, grado di umidità, angolo di incidenza della radiazione solare, ecc.), facciamo evolvere il nostro sistema, ovvero facciamo in modo che ognuno dei nostri cubetti virtuali si scambi materia ed energia solo ed esclusivamente *con i cubetti che lo circondano*. In pratica, il cubetto si raffredderà se è a contatto con cubetti più freddi, o se il numero di cubetti più freddi è maggiore del numero di quelli caldi, o se intorno a sé ha un cubetto freddissimo, moooolto più freddo degli altri circostanti. Tutte le altre variabili del cubetto (quantità di acqua, pressione, ecc.) varieranno a seconda di come entrano o escono dalla superficie che separa i due cubetti: se il mio cubetto è circondato da cubetti ad alta pressione, e il mio è a bassa pressione, una certa quantità di aria entrerà nel mio cubetto, soffiatagli dentro dagli altri cubi. Se invece il mio cubetto ha una pressione più alta dei suoi primi vicini, sarà lui ad esalare materia gassosa, perdendone mentre contemporaneamente la cede ad altri. Lo so che sono palloso, ma volevo essere sicuro che afferraste bene il concetto. Dopodiché, il codice si scrive le nuove temperature, pressioni, ecc. e ricomincia da capo valutando le condizioni a un nuovo passo temporale (minuto 2), sulla base delle condizioni ottenute al minuto 1.

4) *Valutazione delle previsioni ottenute* Dopo un certo numero di passi temporali, o di minuti, vogliamo vedere quanto ci abbiamo beccato; quindi, misuriamo di nuovo le variabili esterne e le confrontiamo con quelle che risultano dal nostro calcolo. Se sono molto differenti, non faremo altro se non prendere i valori delle variabili misurati e darli in pasto al nostro programma. In pratica, dopo aver fatto le misurazioni ripartiamo dal punto 2. Adesso, però, sappiamo una cosa: sappiamo che il nostro modello, dopo un certo periodo di tempo, fallisce. Può essere un giorno, una settimana o qualche ora, ma prima o poi capiterà.

Non importa quanto bravi siamo, prima o poi il nostro modello approssimato devierà di brutto dalla realtà, e ci dirà che a Milano nevica mentre invece c'è bel tempo, a Messina ci sono i monsoni e a Lucca splende il sole. Da dove viene questa inesorabile deviazione?

A prima vista, uno potrebbe essere tentato di dire che, forse, la cosa è data dall'enorme numero di cubetti in cui dobbiamo suddividere il pianeta. La complessità, il caos, nasce dall'avere un gran numero di enti che interagiscono l'uno con l'altro?

Verrebbe la tentazione di dire che è così. In fondo, abbiamo paragonato la simulazione all'esecuzione di una ricetta di cucina: ma come sappiamo tutti, cucinare per due o cucinare per duecento non è la stessa cosa, figuriamoci per duecentomila. Per preparare una pastasciutta a livello provinciale, dovrei avere una cucina grossa come un quartiere e muovermi tra i fornelli con l'Ape.

Oppure non abbiamo diviso il pianeta in un numero sufficiente di cubetti. Anche qui, come in cucina, le dimensioni contano: l'acqua bollirà molto prima in dieci pentole da due litri che non in una pentola da duecento litri. Questione del rapporto tra superficie e volume: noi siamo in grado di scambiare calore e di scaldare solo la superficie (che cresce come il quadrato della dimensione, per cui a pentola di raggio doppio corrisponde una superficie di entità quadrupla), ma quello che conta è riuscire a cambiare la temperatura del volume (che, invece, cresce come il cubo della dimensione, per cui a pentola di raggio doppio corrisponde un volume che è 8 volte quello precedente). Allo stesso modo, cubetti di dimensione crescente potrebbero avere un comportamento man mano più lento, e questo porta al casino totale.

In realtà, la risposta è un'altra.

Come abbiamo visto, un sistema caotico è un sistema in cui una minima variazione delle condizioni iniziali può portare a due evoluzioni temporali completamente diverse tra loro. Per ottenere tale risultato, però, non serve unire tra loro un gran numero di oggetti: il caos non nasce dalla quantità di elementi in gioco, ma dalla relazione tra loro.

Un modo molto semplice per ottenere un sistema caotico è prendere un oggetto di forma sferica (una mela, tanto per restare in tema alimentare) e poggiarvi sopra una matita, di punta. Noterete che è sufficiente sbagliare il punto di appoggio di pochissimo per farla cadere in direzioni molto diverse. La matita, che siamo abituati a dirigere con piglio autoritario quando tracciamo pupazzetti durante le riunioni di lavoro, quando è appoggiata su una mela si comporta in modo caotico, cosicché impercettibili diversità iniziali a poco a poco si accumulano nel corso del tempo dando origine a enormi differenze. Si intuisce rapidamente che prevedere il comportamento futuro di un sistema caotico è dura. Occorrono informazioni molto accurate.

Il caos, quindi, può nascere anche in sistemi apparentemente semplici.

5. *Perché è difficile prevedere?*

Abbiamo presentato le simulazioni come un gioco per predire il futuro (anche se in realtà abbiamo scoperto che possono aiutarci a capire che cosa è accaduto in passato, come nel caso dell'incidente che costò la vita a James Dean), ma se la nostra sfera di cristallo ci tradisce, abbiamo il diritto di arrabbiarci? In fondo è solo una simulazione...

L'imperatore Costanzo II, figlio di Costantino, nel 357 promulgava la seguente disposizione[7]:

> Nemo haruspicem consulat aut mathematicum, nemo hariolum. Augurum et vatum prava confessio conticescat... Sileat omnibus perpetuo divinandi curiositas, etenim supplicium capitis feret gladio ultore prostratus, quicumque iussis obsequium denegaverit.

[7] L. Desanti, *Sileat omnibus perpetuo divinandi curiositas: indovini e sanzioni nel diritto romano*, Giuffrè, Milano 1990, pp. 147-160.

In sostanza, Costanzo diffidava chiunque dal consultare maghi, astrologhi e aruspici, e si augurava che tacesse per sempre in tutti la curiosità di divinare il futuro, ammonendo che chiunque non avesse obbedito ai suoi ordini avrebbe subìto la pena capitale, ucciso dalla spada. Non tutti però erano d'accordo a quei tempi, e dall'altra parte del mondo secoli prima Confucio affermava nei suoi Dialoghi: "Chi non sa guardare lontano non tarda mai a ritrovarsi in mezzo ai guai".

La meteorologia è sicuramente un tipo di simulazione che, diciamocelo, qualche volta potrebbe spingerci a dare ragione a Costanzo e a liquidare Confucio con una scrollata di spalle: anche se sempre più raramente, qualche moderno aruspice inciampando tra un vortice depressionario e un anticiclone birichino ha toppato di brutto e ci siamo ritrovati con l'ombrello in una mano e un'inutile crema solare nell'altra.

Ma c'è anche chi si incavola di brutto. È capitato il 1° marzo 2014 quando la compagnia navale che gestisce i collegamenti tra Ischia e Napoli è stata denunciata per aver soppresso una corsa. Secondo il denunciante – un ex ufficiale del corpo delle Capitanerie di porto nonché istruttore della Federazione italiana vela – le previsioni meteo non autorizzavano la compagnia a prendere una decisione così drastica. Negli ultimi giorni di gennaio 2014 molti siti meteo hanno previsto grandi nevicate nell'area di Como. Purtroppo, sbagliando. I commercianti se la sono presa molto perché, di fronte alla previsione di una massiccia nevicata, i comaschi hanno preferito rimanere al caldo e non uscire a far compere. Nel 2013 le previsioni di maltempo sulla riviera romagnola durante il fine settimana di Pasqua frenarono le partenze di molte persone desiderose di godersi il primo sole in spiaggia. Invece il sole fece capolino, suscitando le ire degli albergatori pronti a intraprendere azioni legali contro i poveri meteorologi e il loro "meteo-terrorismo". Il governatore del Veneto Luca Zaia si è più volte scagliato contro i siti meteo, minacciando azioni legali per i danni subiti dal turismo veneto a causa di previsioni sbagliate.

Ma si può veramente trascinare in ceppi di fronte al giudice un povero meteorologo? Negli Stati Uniti la risposta sembra essere negativa. Sia il Servizio meteorologico nazionale – un ente federale – sia alcuni siti privati sono stati assolti in processi intentati dai parenti di vittime conseguenti a previsioni meteo non veritiere. In entrambi i casi i giudici hanno fatto notare l'alto grado di complessità nel predire i fenomeni atmosferici[8]. Per quale motivo i giudici hanno assolto? Perché, come abbiamo già osservato, anche quando il lavoro di trattamento e processazione dei dati viene fatto a regola d'arte, *la previsione dipende in modo cruciale dalle condizioni iniziali.* E tali condizioni iniziali non sono facili da reperire in maniera omogenea.

Facile, anzi facilissimo, sapere che temperatura e umidità ci siano a zero metri sul livello del mare, o di fronte al pianerottolo di casa mia. Un po' più difficile sapere con precisione la temperatura e la corrente a intervalli di dieci chilometri in tutto il mar Mediterraneo: non solo in superficie, ma anche in funzione della profondità.

Decisamente più complesso conoscere tutte le condizioni che servono nella stratosfera, la buccia d'aria di una cinquantina di chilometri di spessore che circonda la Terra: non si può riempire il cielo di palloni sonda, o di satelliti, quanti realmente ne occorrerebbero. Il tutto nell'ipotesi che ogni cosa funzioni alla perfezione e che le migliaia di stazioni atmosferiche celesti siano accese, vive e non conoscano la parola "malfunzionamento". Allora, per trovare tutte le condizioni che ci occorrono, siamo costretti a interpolare, ovvero a ipotizzare le condizioni di partenza in parecchi dei punti della griglia che ci servono. E, come abbiamo visto, basta un errore minimo, uno 0,02%, molto più piccolo di quanto possiamo essere precisi nell'ipotizzare e a volte anche nel misurare, per stampare un casino globale.

[8] http://sciencepolicy.colorado.edu/admin/publication_files/2003.31.pdf.

7. Il mondo è un teatro?

Credi sia aria
quella che respiri ora?
The Matrix, Morpheus a Neo

Uno degli autori di questo libro ha un figlio di quattro anni, e per questo è costretto a sorbirsi una quantità di cartoni animati in dosi molto superiori a quelle consentite dall'Unione Europea. E, come tutti, ha le sue preferenze. Per esempio, se interrogato su Peppa Pig, vi risponderebbe che lui con i maiali ci ha sempre visto fare il prosciutto e non vede perché cambiare utilizzo. Su quale invece sia il preferito, non ci sono dubbi.

Nel meraviglioso *Ralph Spaccatutto* il protagonista è il cattivo di un gioco anni Ottanta, molto simile a Donkey Kong, il cui compito consiste nello sfasciare a pugni un palazzo per poi vederselo riaggiustare dall'antipaticissimo Felix e dal suo Martello Magico. Un giorno, Ralph si rompe le scatole di fare sempre il cattivo e di vivere in una discarica e decide di cambiare lavoro (cioè videogioco), gettando nella disperazione i suoi condomini di consolle: senza Ralph, infatti, il gioco non ha più senso, e verrà dismesso, causando il licenziamento dei personaggi.

Una delle cose più curiose di questo film è che i videogiochi sono consapevoli dell'esistenza di un mondo esterno: sanno di essere videogiochi, di vivere in una sala giochi e di non avere, sul lavoro, un libero arbitrio. Le loro mosse, in orario di apertura, sono determinate da un joystick, non dalla loro volontà, e questo per alcuni personaggi richiede un adeguato trattamento psichiatrico con tanto di sedute dei gruppi "Cattivi Anonimi".

Una situazione bellissima, perché completamente di fantasia. Se vivessimo immersi in una realtà virtuale sarebbe molto, molto difficile accorgersene.

1. *Le origini della realtà virtuale: come sempre, la Grecia antica*

È necessario un computer per poter pensare di vivere in un mondo simulato? Non proprio. C'è addirittura chi pensa che quello che percepiamo intorno a noi sia già illusorio. Così dice Platone raccontando il mito della caverna nella *Repubblica*: viviamo come prigionieri costretti sin dalla nascita a guardare le pareti di una caverna illuminata da un fuoco dietro di noi e di fronte al quale i nostri carcerieri fanno passare delle marionette a cui danno voce; le ombre che proiettano sulle pareti della caverna e le voci che ascoltiamo sono la nostra, illusoria, realtà. Se state pensando che tutta la scenetta richiami una rappresentazione teatrale e che quindi Platone stia suggerendo che il mondo è teatro, tranquilli, ci hanno già pensato: nella commedia di Shakespeare *Come vi piace* uno dei personaggi, Iacopo, si lascia andare alla seguente riflessione:

> È vero, il mondo è tutto un palcoscenico sul quale tutti noi, uomini e donne siam solo attori, con le nostre uscite e con le nostre entrate; ove ciascuno, per il tempo che gli è stato assegnato, recita molte parti... (atto II, scena VII).

C'è un però: la messinscena di cui si parla, ovvero uno spettacolo teatrale, è *reale*. Se le cose si spostano nel *virtuale*, svelare l'imbroglio diventa più difficile. Per quanto in modo molto controverso, prima un famoso fisico inglese[1] e poi un serissimo filosofo dell'Università di Oxford, Nick Bostrom, si

[1] S. Wolfram, *A New Kind of Science*, Wolfram Media, Champaign (IL)

sono chiesti se per caso stiamo vivendo senza accorgercene in una simulazione al computer[2]. Un po' come accade in *Matrix*, il celebre film di fantascienza che descrive il mondo nel quale l'hacker Neo ha abitato fin dalla nascita, ovvero una realtà simulata – una "neuro-simulazione interattiva", secondo il ribelle Morpheus – sviluppata da macchine intelligenti per poter tenere sotto controllo gli umani. Qual è secondo il filosofo inglese la probabilità che stiamo vivendo in una Matrix? Tenetevi forte: non trascurabile, un 20%[3].

Un altro fisico, David Tong, ha invece suggerito che è impossibile che la realtà in cui viviamo sia simulata dai *nostri* computer, perché i nostri computer sono digitali, ovvero agiscono su quantità discrete, mentre ciascuno dei singoli mattoni che costituiscono il nostro universo (i *fermioni chirali* descritti dal Modello Standard) non può essere in alcun modo descrivibile in modo discreto[4].

2. *Scenari virtuali*

Neo e Morpheus si aggirano in una "realtà virtuale". Con questo termine si indica una tecnica grazie alla quale un computer riproduce un ambiente realistico dove l'uomo può "immergersi" e interagire con quanto vede, coinvolgendo – oltre la vista – anche altri sensi come l'udito e il tatto. I fan di *Star Trek* sanno bene di cosa si parla: è la sala ologrammi (*Holodeck* in inglese) dell'astronave Enterprise, dove i membri

2002. Il testo è disponibile gratuitamente in rete (http://www.wolframscience.com/nksonline/toc.html).

[2] N. Bostrom, *Are you living in a computer simulation?*, in "Philosophical Quarterly", LIII, 2003, pp. 243-255.

[3] Recentemente, è stato individuato un errore sostanziale nell'argomento di Bostrom. Lo stesso filosofo ha provato a mettere letteralmente delle toppe al proprio lavoro: N. Bostrom, M. Kulczycki, *A Patch for the Simulation Argument*, in "Analysis", 2011, vol. 71, 1, pp. 54-61. Nessuna delle due argomentazioni, a nostro parere, risulta convincente.

[4] Per chi ha sufficienti cognizioni, cfr. D. Tong, *Is Quantum Reality Analog after All?*, in "Scientific American", 2012, vol. 307, 6.

dell'equipaggio si rilassano dando forma – e partecipando – a ogni tipo di sogno: intavolano brillanti conversazioni con personaggi immaginari come Sherlock Holmes o lottano contro il nemico nella rievocazione di un'antica battaglia, usando una spada di cui avvertono il peso. A qualunque scena decidano di partecipare, gli astronauti, vi sono completamente immersi, ne ascoltano i suoni e ne avvertono l'odore.

Non siamo lontani dal realizzare l'*Holodeck*: una delle tecniche più avanzate per creare mondi virtuali si chiama CAVE (caverna), versione moderna della caverna platonica, dove un sistema di proiettori usa tutte le pareti a disposizione, soffitto e pavimento compresi, per inglobare il visitatore in un fantasmagorico mondo in 3D[5].

Anche senza essere Neo o il capitano Picard, entriamo in contatto con realtà virtuali abbastanza di frequente. I videogiochi sono un ovvio esempio, anche se l'immersione – ossia il grado di estraniamento dalla realtà vera e propria – è parziale. Ben più coinvolgenti sono le situazioni virtuali a cui sono esposti durante il loro addestramento astronauti, militari, piloti d'aereo e di Formula 1. Il grado di realismo è talmente elevato che in ambito medico, per evitare svenimenti tra gli studenti, in alcuni corsi di anatomia si eseguono autopsie su corpi virtuali piuttosto che reali, gli infermieri sono addestrati in modo virtuale a prelevare il sangue da vene o inserire cateteri e i chirurghi a dosare la forza con cui eseguire un'incisione con il bisturi prima di mettere le mani su una persona in carne e ossa. Talvolta i piani della realtà e della finzione si integrano senza escludersi: succede nella telemedicina, dove scenari virtuali aiutano il chirurgo a compiere interventi *reali* a distanza pilotando un robot. E succede anche con i vocaloidi, gli androidi vocali proiettati come ologrammi sul palcoscenico, destinati forse un giorno a soppiantare gli emuli di Domenico Modugno e dei Beatles.

[5] http://www.youtube.com/watch?v=d5XDbzy7vuE.

Gli artisti possono creare paesaggi virtuali non solo da ammirare, ma con i quali è anche possibile interagire. Una realtà virtuale può essere semplificata e graduata: situazione, questa, di cui può giovarsi lo psicologo per porre un paziente affetto da fobia in un ambiente artificiale, comprendere meglio l'origine del disagio e curarlo, con il vantaggio che il paziente asseconda più facilmente questo tipo di terapia perché tranquillizzato dalla sua irrealtà. Strategie di questo tipo hanno permesso di affrontare la paura di volare, dell'altezza e dei ragni: il paziente "sale" un piano alla volta in un ascensore virtuale o gioca con un innocuo cyber-ragno. E se la paura si fa insostenibile basta pigiare un tasto.

Passando dalla psicologia a qualcosa di più piacevole, viaggiare in modo virtuale è semplice e poco costoso. E molto affascinante. Un'opportunità sfruttata nella scuola e nell'università per calamitare l'attenzione dello studente e colmare la distanza tra nozioni astratte e realtà, ad esempio facendo "volare" lo studente da un pianeta all'altro del Sistema Solare, dentro un vulcano, una piramide egizia o tra una molecola e l'altra durante una reazione chimica. La verosimiglianza di questi viaggi virtuali vince la noia. I pazienti che hanno subìto incidenti stradali o ictus sono spesso riabilitati utilizzando biciclette fisse sulle quali devono pedalare per periodi anche lunghi. Una noia mortale a cui non tutti resistono. Se però il paziente vive l'esercizio come una passeggiata in bicicletta in un paesaggio virtuale, bene, le cose migliorano e l'insofferenza diminuisce.

Fa bene immergersi in un falso mondo su misura ritirandosi da quello reale? Dipende... La persona che ha paura di salire in aereo può essere aiutata a vincere questo timore volando su un aeroplano immaginario. Ma il troppo, dopo un po', stroppia: è chiaro che essere un astronauta nel cyberspazio è meglio che timbrare il cartellino per infilarsi in ufficio, oppure essere un prestante seduttore virtuale anziché un uomo reale con pancetta e doppio mento, sicché la tentazione di richiudersi in questo sogno potrebbe diventare irresistibile. Tuttavia, la specie umana sembra avere a disposizione anticorpi per impedire un rischio del genere. Forse l'esempio più chiaro lo offre *Second Life*, il famoso mondo virtuale popolato di avatar (le nostre incarnazioni virtuali), lanciato nel 2003, frequentato da milioni di utenti, e ora in grave crisi, ridotto a una suburra dove ci si incontra per appuntamenti sessuali immaginari e per ordire truffe, virtuali sì, ma con riflessi molto concreti sui conti in banca del mondo reale.

Il grado di verosimiglianza delle simulazioni è ormai tale da essere utilizzato anche nelle aule dei tribunali e le realtà virtuali sono diventate sempre più affascinanti, come per esempio Hatsune Miku e le sue amiche vocaloidi. Possiamo quindi concludere che la distinzione tra reale e virtuale sta scomparendo? Mbe', se certamente possiamo divertirci a giocare a scacchi in modo virtuale, difficilmente proveremo mai, anche in futuro, lo stesso piacere nel bere un bicchiere di vino virtuale. Tuttavia è innegabile che esista una zona grigia di confine, una terra di nessuno, in cui le cose si confondono pericolosamente.

Ad esempio, nel 2008 un tal Satoshi Nakamoto – pseudonimo dietro al quale non si sa con certezza chi si nasconda: se un giapponese sessantenne, come ha rivelato uno scoop di "Newsweek" nel marzo 2014, o addirittura una comunità di hacker – inventò una moneta virtuale chiamata *bitcoin*. Un bitcoin può essere paragonato all'oro. Lo puoi comprare, ma ha quotazioni, come si usa dire, volatili: a gennaio 2013 un bitcoin valeva 13 dollari, per poi arrampicarsi a folle velocità fino a 1200 a novembre e infine crollare a 600 a febbraio 2014 a causa del veto della Cina ad utilizzarlo nelle transazioni finanziarie e delle vicissitudini di uno dei siti in cui è maggiormente scambiato. Non vuoi comprare bitcoin? Allora li puoi "estrarre" come una pepita da una miniera (il termine inglese è *mining*). Il metodo è semplice: periodicamente la rete bandisce un ammontare di bitcoin, diciamo 25, associato a un problema matematico, la cui soluzione non richiede intervento umano ma può essere affidata ad algoritmi disponibili gratuitamente in rete. Il primo (computer) che risolve il problema prende la somma. Dov'è la difficoltà? La soluzione dei problemi richiede una grossa potenza di calcolo, e quindi o possiedi un calcolatore sufficientemente potente o devi consorziarti con altri. Dov'è la novità? Bitcoin aggira banche e autorità monetarie tradizionali, annullando le spese per commissioni nelle transazioni, ma anche qualunque tipo di controllo e verifica, anche se tutto si svolge alla luce del sole[6]. Motivo di entusiasmo per molti, oltre al fatto che tutto il software è gratuito (*Open Source*, come il famoso sistema operativo Linux) e che le transazioni avvengono tra pari (*peer to peer*, P2P) che si celano dietro nomi come "1FfmbHfnpaZjKFvyi1okTjJJusN455paPH", proprietario di una fortuna pari a circa 80 milioni di dollari in bitcoin, o "1933phfhK3 ZgFQNLGSDXvqCn32k2buXY8a" che nel suo portafoglio virtuale ha più o meno 60 milioni di dollari[7].

Quasi inevitabilmente, c'è chi ha approfittato dell'anonimato e della relativa facilità d'uso per mettere in piedi giri loschi, come *Silk Road* (la via della seta), il sito dove si traffica in droghe e armi chiuso alla fine del 2013 dall'FBI con un sequestro di più di tre milioni di dollari in bitcoin. Il sito è stato poi ovviamente riaperto in un batter d'occhio, ma nel febbraio 2014, a conferma che intorno ad esso gira gente poco raccomandabile, un misterioso hacker ha svuotato completamente le casseforti virtuali rubando quasi tre milioni di dollari. In bitcoin ovviamente.

Il bitcoin comincia a fare capolino anche in Italia e alcuni esercizi, come ristoranti e agriturismi, iniziano ad accettare pagamenti. Ma c'è da fidarsi? Nonostante furti, commerci illeciti, oscillazioni fortissime nelle quotazioni, bancarotte di

[6] Le transazioni in bitcoin sono monitorate in tempo reale dal sito https://blockchain.info/.

[7] La lista dei Paperoni in bitcoin è consultabile sul sito http://bitcoinrichlist.com/.

banche virtuali[8] e morti sospette di gestori di fondi in bitcoin, l'ex governatore della Federal Reserve, Ben Bernanke, ha dichiarato – sorprendendo un po' tutti – che i bitcoin non sono illegali, anzi costituiscono uno strumento finanziario "promettente"[9]. Viva l'ottimismo.

I furti di bitcoin sono reati veri e propri anche se coinvolgono monete virtuali. Ma altri reati, anche se non compiuti nel mondo reale, sono più sfuggenti. Nel racconto *Castigo senza delitto* – un titolo che richiama quello del capolavoro di Dostoevskij *Delitto e castigo* – lo scrittore Ray Bradbury narra di un uomo che, tradito dalla moglie, compra un androide che le somiglia e lo/la "uccide" per vendicarsi. Arrestato, il giudice lo accusa di assassinio e lo condanna a morte.

Se il povero marito – "cornuto e mazziato" come si direbbe a Napoli – suscita ironia e compassione, altre vicende che replicano nel mondo virtuale comportamenti che nel mondo reale sono giudicati reati ci lasciano interdetti. Più che i videogiochi maggiormente violenti, parecchie controversie solleva la pornografia virtuale, specialmente quella che coinvolge bambini. In merito si è dovuta pronunciare addirittura la Corte Suprema degli Stati Uniti che, appellandosi alla libertà di espressione, ha stabilito nel 2002 che non era reato produrre, possedere e distribuire pornografia infantile virtuale. In Olanda due sessuologi hanno innescato un dibattito molto aspro dopo aver suggerito al governo di legalizzare questo genere di pornografia: a loro dire, in questo modo si disinnescano le pulsioni che spingono i pedofili a compiere questi reati osceni. In Italia tra le novità principali della legge n. 38 del 2006 c'è l'introduzione della pedopornografia virtuale. Le pene e le sanzioni previste per i reati di pedopornografia si possono applicare anche alle immagini virtuali. Per immagini

[8] Mt.Gox, una delle principali piattaforme di compravendita di bitcoin nel febbraio 2014, ha fatto perdere 345 milioni in euro a suoi correntisti.

[9] http://blogs.reuters.com/nicholas-wapshott/2013/11/21/the-strange-convergence-of-bernanke-hayek-and-bitcoin/.

virtuali si intendono quelle realizzate ritoccando foto di minori o parti di esse con tecniche di elaborazione grafica la cui qualità di rappresentazione fa apparire come vere situazioni non reali[10]. Se questa definizione sbarra la strada a una parte del materiale pedopornografico che gira in rete, non sembra però in grado di opporsi a immagini e filmati completamente virtuali, ovvero interamente creati al computer senza utilizzare alcun riferimento reale[11].

Fermiamoci qui; non andiamo oltre nel visitare questa galleria degli orrori. Proviamo a rilassarci e torniamo a parlare di *Second Life*, il mondo virtuale popolato da avatar un po' in crisi ultimamente. *Second Life* ci offre un ulteriore esempio di non-reato virtuale con possibili concrete conseguenze legali. Se il mio avatar è insultato da un altro, è legittimo querelare la persona che si cela dietro l'avatar gaglioffo? E se l'avatar di mia moglie o mio marito compie una scappatella, come la devo prendere? Pensiamo all'omicidio di un avatar: alcuni studi indicano che la controparte in carne e ossa, pur godendo di buona salute, ha subìto uno stress traumatico. I responsabili vanno puniti? Le cose si fanno ancora più complesse se ci si mettono di mezzo i soldi, e reati virtuali e conseguenze reali si confondono ancora di più: in Cina, nel 2005, un partecipante al gioco *Legend of Mir 3* ha prestato una preziosa spada *virtuale* a un altro giocatore, che ha pensato bene di rivenderla; quando il legittimo proprietario è venuto a saperlo, ha *realmente* ucciso l'autore della truffa[12].

Un altro rischio segnalato da più parti è la desensibilizzazione. Un omicidio virtuale si compie a cuor leggero e alcuni videogiochi "sparatutto", in cui non c'è molto da spiegare su

[10] http://www.osservatoriopedofilia.gov.it/dpo/it/pornografia_minorile.wp.

[11] G. Mateo, *The New Face of Child Pornography: Digital Imaging Technology and the Law*, in "Journal of Law, Technology and Policy", 2008, pp. 175-198.

[12] http://www.abc.net.au/news/2005-03-30/online-gamer-killed-for-selling-cyber-sword/1542300.

cosa accada spesso con violenza inaudita, sono un bagno di sangue. Per fortuna, virtuale. (Tralasciamo di riportare fatti di sangue attribuiti a torto o a ragione all'uso smodato di videogiochi particolarmente violenti.) Essere un criminale virtuale favorisce necessariamente la nascita di un assassino sanguinario nel mondo reale? La questione è molto dibattuta: alcuni studi confermano che l'abuso di questi giochi è effettivamente rischioso[13], altri lo negano[14].

Aspettando la risposta degli esperti, nel frattempo qualcuno vuol passare un bel pomeriggio a darsi legnate a pallone?

[13] Y. Hasan, L. Bègue, M. Scharkow, B.J. Bushman, *The more you play, the more aggressive you become: A long-term experimental study of cumulative violent video game effects on hostile expectations and aggressive behavior*, in "Journal of Experimental Social Psychology", XLIX, 2013, pp. 224-227 (http://researchnews.osu.edu/archive/violgametime.htm).

[14] C.J. Ferguson, S.M. Rueda, A.M. Cruz, D.E. Ferguson, S. Fritz, S.M. Smith, *Violent video games and aggression causal relationship or byproduct of family violence and intrinsic violence motivation?*, in "Criminal Justice and Behavior", XXXV, 2008, pp. 311-332.

8. Un libro sulle mosche da 24 milioni di dollari

Se chiedi quanto costa, significa
che non te lo puoi permettere.

John D. Rockefeller

Nell'aprile del 2011, un biologo americano decise di acquistare personalmente un libro dedicato alle mosche che consultava molto di frequente nella biblioteca del suo dipartimento universitario. Il libro, pubblicato nel 1992, era ormai fuori catalogo. Amazon, il noto rivenditore online, ne aveva a disposizione 17 copie: 15 usate a circa 35 dollari e due nuove, offerte da due distinti rivenditori indipendenti, al modico prezzo di un milione di dollari l'una (più 4 dollari per spese di spedizione). Lo scienziato sospettò che non fosse un libraio in carne e ossa a proporre questi prezzi insensati ma un computer, e nei giorni successivi si propose di capire meglio il diabolico meccanismo che li aveva generati.

Il giorno dopo i prezzi di entrambe le copie nuove erano aumentati fino a sfiorare i tre milioni di dollari, per poi superare lo stratosferico valore di venti milioni di dollari nel giro di poco più di una settimana. Il turbinoso rincorrersi dei prezzi venne infine arrestato dall'intervento pacificatore di un libraio in carne e ossa. Stranamente, la guerra tra i due robot avveniva al rialzo non al ribasso, e questo stimolò la curiosità del biologo e gli permise di capire cosa stesse succedendo. Uno dei due robot operava in modo intuitivo: letto il prezzo del concorrente, lo abbassava di qualche punto percentuale per rendere appetibile la propria offerta. L'altro robot operava invece in senso opposto: ad ogni lieve diminuzione del prezzo reagiva aumentando il prezzo di quasi il 30%. Questa strategia, se ripetuta numerose volte, fa ovviamente esplodere il prezzo del libro. Ma perché il secondo robot aumentava il prezzo? Semplice.

Il secondo rivenditore godeva di ottima fama su internet, migliore del concorrente, e quindi poteva permettersi di formulare un prezzo più alto in virtù della propria reputazione. Secondo il biologo, era addirittura molto probabile che il rivenditore più famoso non possedesse nemmeno il libro, ma, grazie al forte rincaro a cui lo stava proponendo, poteva comunque avere un buon margine di guadagno anche se fosse stato costretto ad acquistarne una copia da terzi...

1. *Strategie di prezzatura*

Quanto descritto sopra è un esempio di prezzatura "algoritmica" o "dinamica": il prezzo finale di vendita sul portale del venditore è deciso da un algoritmo che pondera diverse variabili al fine di massimizzare il profitto. Il risultato netto è l'aggiornamento continuo dei prezzi, da poche volte al giorno a molte volte all'ora a seconda di quanto è cruenta la guerra dei prezzi[1]. Al di là di ovvi problemi di disorientamento per il potenziale acquirente, che non è mai in grado di comprendere quale sia il momento migliore per acquistare un oggetto, ci sono problemi anche per chi mette all'opera questi algoritmi sul proprio sito di vendita. Alcuni rivenditori scorretti hanno creato falsi siti dove rivendono la stessa merce dei propri concorrenti a prezzi stracciati per poter ingannare i robot dei rivali e svuotargli il magazzino in un attimo[2]. Altri problemi di natura etica, o perlomeno di lealtà, derivano dal fatto che i prezzi non vengono solo decisi

[1] B. Jopson, *Amazon 'robo-pricing' sparks fears*, in "Financial Times", 8 luglio 2012.

[2] *Ibid.*

sulla base di quelli della concorrenza, ma talvolta anche sulla base della provenienza geografica dell'acquirente o della sua identità, per cui lo stesso dvd viene offerto a prezzi diversi a un milanese o a un palermitano che accedono al medesimo sito di e-commerce.

Altri campi dove è all'opera la prezzatura algoritmica? La prenotazione alberghiera e di voli aerei online, dove non è sempre detto che acquistare in grande anticipo sia la soluzione migliore e, se uno ha tempo, può facilmente osservare ampie oscillazioni nei prezzi, e non un semplice aumento, via via che i giorni trascorrono. Negli Stati Uniti e nel Regno Unito la gestione algoritmica dei prezzi è presente anche nel campo degli eventi sportivi, dove il prezzo di un incontro di calcio o di baseball di alcuni club è deciso dall'effettivo interesse dei tifosi. E di nuovo i grattacapi non ci sono solo per l'acquirente, che ha sempre il dubbio – talvolta confermato – di non aver strappato il prezzo migliore, ma anche per le aziende che fanno uso di queste strategie di prezzi dinamici molto aggressive in modo poco meditato. Specialmente quando propone promozioni e offerte speciali.

Nell'ottobre del 2012 un problema nel software di prenotazione ha permesso a migliaia di persone di recarsi sul sito giapponese dell'Alitalia e prenotare gratis, sfruttando un codice promozionale errato, biglietti aerei per qualunque destinazione. La compagnia di bandiera ha poi annullato questi biglietti, non senza ricevere numerose proteste. Ma anche i supermercati hanno avuto qualche problema. Nel novembre del 2012 la catena britannica Tesco ha iniziato a vendere bottiglie di vino del valore di 60 sterline al prezzo di 9. L'intoppo, questa volta, è stato causato dal fatto che i computer hanno permesso acquisti combinando un'offerta "tre per due" su determinati vini, con uno sconto generalizzato del 25% se venivano acquistate sei o più bottiglie di vino. Che queste promozioni siano spesso reclamizzate sui social network provoca inoltre un considerevole effetto di amplificazione in grado di creare notevoli problemi a chi propone l'offerta.

Però, ad essere sinceri, non sempre promozioni e listini dinamici sono fonte di problemi. In Spagna, la scorsa estate, un'agenzia pubblicitaria ha installato dei distributori di bibite dotati di un vistoso termometro dove si indicava anche il prezzo della bevanda che variava a seconda della temperatura. Più era torrida la giornata, più diventava economico dissetarsi...

2. *Sembra Harry Potter: identificare un testo*

Chi è mai Robert Galbraith, il sedicente ex militare che nell'aprile del 2013 dopo alcuni rifiuti da parte di affermate case editrici è finalmente riuscito a pubblicare la sua opera prima, *Il richiamo del cuculo*, lasciando di stucco molti critici per la qualità della prosa ma anche vendendo solo 1500 copie in tre mesi?

Una persona bene informata aveva spifferato al "Sunday Times" che Galbraith era in realtà lo pseudonimo dietro al quale si celava un pesce grosso, nientemeno che J.K. Rowling, l'autrice della saga di *Harry Potter*. Già, ma come fare a provarlo? Sembra la Rowling o lo è per davvero? Talvolta gli algoritmi ne sanno una più dei maghetti...

La linguistica forense è una disciplina che compie analisi testuali per identificare, ad esempio, l'autore di una lettera anonima, definire la psicologia di una persona, o identificare un plagio. Uno degli strumenti di indagine è la stilometria, che avvalendosi di opportuni algoritmi caratterizza un testo. Ma può essere usata anche per attribuire la paternità di testi scritti secoli fa, come ad esempio alcuni presunti sonetti di Shakespeare o la raccolta di saggi nota come *Il Federalista*, una fonte autorevolissima per l'interpretazione della Costituzione degli Stati Uniti, i cui autori preferirono tutti celarsi dietro lo pseudonimo Publius, in onore di Publio Valerio Publicola, uno dei primi consoli di Roma.

Il linguaggio scritto è il risultato di un insieme di scelte che più o meno consapevolmente compie un autore[3]. È ormai accertato che queste scelte, libere in apparenza, in realtà concorrono a definire un'"impronta digitale" di tipo letterario. Il primo a proporre un'idea del genere fu un logico matematico, Augustus de Morgan, che a metà del XIX secolo propose di utilizzare la lunghezza media delle parole per dirimere le cause di paternità di un testo. Oggi si preferisce analizzare la distribuzione della lunghezza, come pure la frequenza di un centinaio di altre parole apparentemente insignificanti, come preposizioni, congiunzioni e articoli. Un'altra sorprendente caratteristica nascosta nei nostri scritti è svelata prendendo un testo e ripartendolo in sequenze di quattro caratteri consecutivi, spazi compresi se appartenenti a parole differenti, detti *quattro-grammi*. Il tipo e la frequenza dei quattro-grammi che utilizziamo sono tutt'altro che casuali e sono caratteristici di ognuno di noi. Quindi, chi si apprestasse a scrivere una lettera anonima stia attento: cambiare un po' il vocabolario non basta ad evitare di essere identificati.

Tornando alla vicenda di Galbraith, alias Rowling, il risultato di queste dettagliate analisi testuali è stato sorprendente: *Il richiamo del cuculo* presentava assonanze stilistiche molto più numerose con le opere della Rowling che non con gli scritti di altri tre autori britannici. Appena la notizia venne resa pubblica nel luglio del 2013 il romanzo, che languiva più o meno al quattromillesimo posto nella classifica della libreria online Amazon, balzò al primo posto. Nel frattempo, una volta scoperta l'identità di chi aveva messo sulla falsa strada i giornalisti, la Rowling ha proceduto per le vie legali percependo un cospicuo indennizzo che ha devoluto in beneficenza.

Talvolta si esagera nello sperare che simili tecniche siano in grado di identificare l'autore anche da poche righe di testo. È quello che è capitato a un signore che ha cercato di dimostrare che l'autore di alcune brevi email era Mark Zucker-

[3] Riuscite a capire l'ansia che mi ha messo addosso questo paragrafo? [MM]

berg, il fondatore di Facebook, allo scopo di impadronirsi di una parte delle sue fortune.

Gli algoritmi per riconoscere un testo hanno anche altre applicazioni, per fortuna di maggiore utilità: sono utilizzati, ad esempio, per filtrare le odiose mail spazzatura che invadono le nostre caselle di posta elettronica, esse stesse spesso generate da altri algoritmi. Secondo una stima molto cauta, rappresentano circa l'80-85% della posta elettronica in circolazione con costi elevati per i fornitori di accesso ad internet a causa del conseguente aumento di traffico. La battaglia algoritmica tra *spammer* e resto del mondo è sempre più sofisticata. Una volta si scriveva Vi@gra e non Viagra per sfuggire all'intercettazione. Attualmente, forse lo avrete già notato ricevendo recentemente della posta indesiderata, sia l'oggetto della missiva sia il testo stanno diventando sempre più credibili, *sembrano veri* e quindi difficili da identificare. Gli algoritmi utilizzati per queste operazioni cosmetiche sono il frutto di un'inventiva degna di miglior causa: si va da chi combina frasi di senso compiuto in modo così brillante da meritarsi l'appellativo di "spoeta", il poeta spam, a quelli noti come "Dissociated Press", che prendono in giro l'agenzia di stampa Associated Press, in grado di trasformare un qualunque testo in un *calembour* umoristico.

Ma accade anche qualcosa di molto più sospetto e potenzialmente esposto ad abusi di ogni tipo. Ad esempio, è capitato a tutti digitando parole su di un motore di ricerca, o scrivendo email, di vedere comparire pubblicità in qualche modo collegate al testo scritto. Evidentemente, algoritmi opportuni lo hanno letto proponendoci dove acquistare un maglione, se abbiamo scritto a un amico che oggi il freddo è pungente. Carino, no?

Ma se una qualche agenzia incaricata di garantire la sicurezza nazionale inizia a compiere le stesse operazioni su tutte le vostre email, e magari telefonate (perché gli algoritmi sanno anche ascoltare oltre che leggere), che ne dite? Questo è quanto ci è stato rivelato dal soldato Snowden, e molti pensano che non sia una questione limitata solo agli Stati Uniti. Si è arrivati addirittura ad ipotizzare che in alcuni casi le banche valutino l'affidabilità dei loro clienti scandagliando i loro profili sui social network.

La cosa vi sembra fantascientifica? Provate a leggere il paragrafo seguente.

3. *Non ti amo più, l'ho letto su Facebook*

Tra le aziende più impegnate a comprendere i nostri sentimenti ci sono, ovviamente, i social network. Dove tutto è gratis, ma la pubblicità abbonda per tenere finanziariamente in piedi la baracca. Come renderla più mirata ed efficiente? Analizzando con opportuni algoritmi affettivi la diffusione delle emozioni.

Le emozioni sono il risultato di una complessa serie di stimoli psicofisici che corrono circa tremila volte più velocemente che il pensiero razionale. Si è a lungo pensato che molte delle nostre decisioni siano prese in modo razionale. È falso. La verità è che il pensiero razionale porta i clienti ad essere interessati, ma sono le emozioni che vendono – dai profumi alle idee politiche[4]. E noi italiani un po' emotivi lo siamo, no? Si scoprono cose curiose osservando le nostre relazioni sui social network: ad esempio, che persone con stati d'animo simili tendono ad aggregarsi – le persone sorridenti attraggono i cuor contenti, i musoni i depressi, *similes cum similibus.* E ancora, che gli stati emotivi si diffondono fino a tre gradi di separazione[5]: Alberto parla con Barbara che lo spiffera a Carlo che si confida con Daniela (la quale scopre che ha le corna). Il meccanismo della propagazione, una specie di catena di sant'Antonio, è catalizzato dai legami affettivi e su questo effetto intendono puntare molti strateghi

[4] D. Westen, *La mente politica*, il Saggiatore, Milano 2013.

[5] J. Whitfield, *The secret of happiness: grinning on the Internet*, in “Nature”, 26 giugno 2008.

del marketing online: fratelli e sorelle, amici del cuore, mogli, mariti e amanti sono con maggiore probabilità le persone a cui parleremo per primi dell'ultimo disco del cantautore preferito, dell'imperdibile film con la star hollywoodiana, del video visto da un milione di persone su YouTube. La parola chiave in questo contesto è *meme*, un neologismo che deriva dalla biologia, così definito dal Dizionario Treccani:

meme s. m. Singolo elemento di una cultura o di un sistema di comportamento, replicabile e trasmissibile per imitazione da un individuo a un altro o da uno strumento di comunicazione ed espressione a un altro (giornale, libro, pellicola cinematografica, sito internet, ecc.).

In pratica, un meme è uno di quei tormentoni, o contenuti "virali", che spopolano sulla rete. Il meme si diffonde più facilmente tra chi ha relazioni più forti. Quindi, vanno scovati nella cerchia delle persone con cui siamo in contatto. Chi sembra aver trovato la ricetta per identificare i legami affettivamente più solidi nella cerchia di relazioni di un utente è Facebook[6]. Il suo algoritmo sembra essere così ficcanaso da riuscire a identificare tra le persone con cui siamo in contatto quella speciale. Speciale non vuol dire uno con cui parliamo ogni giorno – per dire, un collega d'ufficio –, speciale è il nostro amico d'infanzia a cui siamo legatissimi ma sentiamo di rado perché vive in una città diversa dalla nostra. È speciale la persona con cui dividiamo la nostra vita, una sorella o un fratello. A detta di chi l'ha messo a punto, l'algoritmo sembra anche avere fiuto per predire se una relazione è stabile e, nel caso, quando avrà termine.

È interessante dire due parole su quello che fa l'algoritmo. In pratica, misura una grandezza chiamata *dispersione*. La dispersione è il grado di connessione che esiste tra gli

[6] D. Hernandez, *Why guessing your romantic partner is so important to Facebook*, in "Wired", 31 ottobre 2013.

amici comuni delle due persone. Più la connessione è bassa, maggiore è la dispersione. E l'analisi statistica mostra che la dispersione è più alta tra due persone legate affettivamente. Messa così, sembra fantascienza, ma pensiamoci un attimo. Due persone che hanno relazioni con altre persone in gran parte in contatto tra loro non segnalano nulla su una loro eventuale relazione: potrebbero essere tutti impiegati nello stesso ufficio o soci del locale circolo caccia e pesca. Se però i due sono marito e moglie le cose sono diverse: la moglie potrebbe frequentare i soci del club degli scacchi a cui è iscritto il marito, mentre quest'ultimo potrebbe conoscere i colleghi di lavoro della moglie, due gruppi – il club e i colleghi di lavoro – quasi certamente senza mutue relazioni. Moglie e marito agiscono come ponti tra due gruppi sociali distinti e hanno relazioni ad alta dispersione; due colleghi di lavoro no. Sapete quante volte l'algoritmo scopre l'eventuale relazione tra due persone? Nel 60% dei casi[7]. E se le due persone che *hanno* in corso una relazione, hanno *bassa* dispersione? Ahi... I ricercatori di Facebook hanno scoperto che i due hanno una percentuale più alta del 50% di tornare ad essere single di lì a due mesi. Tornando all'esempio di prima, se la moglie non sopporta gli scacchisti con cui il marito trascorre tutti i fine settimana, eviterà di frequentarli: la dispersione diminuisce. E, perché no, anche lo slancio amoroso tra i due piccioncini...

4. *Essere o non essere: sei un cane o no?*

"Su internet nessuno sa che sei un cane". Questa fulminante battuta tra due cani impegnati a navigare in internet apparve in una celebre vignetta sulla rivista "New Yorker" nel 1993 ad opera di Peter Steiner[8]. La scena riprodotta è diventata

[7] S. Lohr, *Researchers Draw Romantic Insights From Maps of Facebook Networks*, in "The New York Times", 28 ottobre 2013.

[8] Un breve resoconto si può trovare all'indirizzo: http://en.wikipedia.org/wiki/On_the_Internet,_nobody_knows_yoùre_a_dog.

nel corso degli anni un'icona del noto problema dell'identità nella rete. In particolare, ed è questo che ci interessa, ci sono varie situazioni in cui chi naviga in internet è invitato a provare che è un essere umano e non un robot. Gli esempi sono numerosi: si va dal semplice inserire un messaggio in un blog, all'aprire un'utenza, al fare una ricerca su un popolare motore di ricerca, all'effettuare un acquisto online, come pure scaricare articoli dal sito di una rivista scientifica. I motivi per bloccare i robot sono altrettanto numerosi: impedire a qualche hacker buontempone di alterare un sondaggio online, o di creare qualche milione di falsi indirizzi email dai quali far partire messaggi *spam* o di bloccare un computer che cerca di impossessarsi della password necessaria per accedere a dati personali sensibili, relativi ad esempio alla propria situazione finanziaria o allo stato di salute.

Lo stesso Cartesio aveva provato a formulare un criterio per distinguere una macchina da un essere umano già nel 1600[9]:

> Qui in particolare mi ero fermato per far vedere che, se ci fossero macchine con organi e forma di scimmia o di qualche altro animale privo di ragione, non avremmo nessun mezzo per accorgerci che non sono in tutto uguali a questi animali; mentre se ce ne fossero di somiglianti ai nostri corpi e capaci di imitare le nostre azioni per quanto è di fatto possibile, ci resterebbero sempre due mezzi sicurissimi per riconoscere che, non per questo, sono uomini veri.
>
> In primo luogo, non potrebbero mai usare parole o altri segni combinandoli come facciamo noi per comunicare agli altri i nostri pensieri. Perché si può ben concepire che una macchina sia fatta in modo tale da proferire parole, e ne proferisca anzi in relazione a movimenti corporei che provochino qualche cambiamento nei suoi organi; che chieda, ad esempio, che cosa si vuole da lei se la si tocca in qualche punto, o se la si tocca in un altro gridi che le si fa male e così via; ma non si può immaginare che possa combinarle in

[9] Cartesio, *Discorso sul metodo*, a cura di I. Cubeddu, Edizioni Studio Tesi, Pordenone 1991, pp. 54-55.

modi diversi per rispondere al senso di tutto quel che si dice in sua presenza, come possono fare gli uomini, anche i più ottusi.

L'altro criterio è che quando pure facessero molte cose altrettanto bene o forse meglio di qualcuno di noi, fallirebbero inevitabilmente in altre, e si scoprirebbe così che agiscono non in quanto conoscono, ma soltanto per la disposizione degli organi. Infatti mentre la ragione è uno strumento universale, che può servire in ogni possibile occasione, quegli organi hanno bisogno di una speciale disposizione per ogni azione particolare; ed è praticamente impossibile che in una macchina ce ne siano a sufficienza per consentirle di agire in tutte le circostanze della vita, come ce lo consente la nostra ragione.

In anni più recenti, precisamente nel 1950, il logico-matematico Alan Turing scrisse un articolo famoso[10] in cui si poneva la domanda se le macchine fossero in grado di pensare. Consapevole della difficoltà di definire il pensare, Turing decise di evitare di avvilupparsi in questioni tra il filosofico e il teologico e di formulare una domanda meno insidiosa, esprimibile in modo non ambiguo: si chiese cioè se era possibile immaginare computer in grado di condurre un gioco di imitazione. Il gioco più o meno funziona così: un giocatore sta di fronte a una porta dietro la quale si trovano un computer e un uomo. È possibile, formulando una serie di domande, indovinare chi è il computer e chi è l'uomo? Secondo Turing la risposta è affermativa. Ovvero la pensa come Cartesio.

Nel 1991 il filantropo americano Hugh Loebner promise un premio di centomila dollari al primo computer che fosse riuscito a superare il test di Turing. Finora nessuna macchina ce l'ha fatta. Al giorno d'oggi si corre come lampi e si cercano test che con una singola domanda possano sciogliere l'enigma. Una delle proposte più recenti è stata formulata nel 2000 da alcuni ricercatori dell'università americana Carnegie Mellon e ha un nome strano, CAPTCHA, acronimo di

[10] A.M. Turing, *Computing machinery and intelligence*, in "Mind", LIX, 1950, pp. 433-460.

Completely Automated Public Turing Test to Tell Computers and Humans Apart, ovvero: test pubblico di Turing completamente automatizzato per distinguere computer e umani.

Abbiamo incontrato spesso un CAPTCHA nel nostro vagabondare su internet sono quelle immagini contenenti caratteri e numeri molto distorti e spesso attraversati da varie righe che ci viene richiesto di identificare. Per un essere umano è un compito relativamente semplice, mentre per un computer diventa decisamente più impegnativo. "Relativamente" vuol dire che anche per un umano non è semplice decifrare l'immagine e, tanto per dirne una, la cosa può diventare impossibile in presenza di problemi alla vista. Per questo viene spesso data la possibilità di ascoltare il testo raffigurato nell'immagine. Ciò non toglie che risolvere uno di questi puzzle è giudicato un compito spesso così frustrante da disincentivare anche le persone in carne e ossa dal visitare un portale e consigliare la loro rimozione – passo compiuto dopo numerose proteste anche dalla Ryanair nel novembre del 2013 –, senza contare che i robot cominciano ad essere in grado di risolverli e, se non ci riescono loro, alcune imprese hanno già iniziato ad affittare manodopera proveniente da Paesi in via di sviluppo per decifrarli al prezzo di un dollaro ogni mille indovinelli risolti.

Le contromosse sono animate da grandi dosi di inventiva: dalla richiesta di identificare sequenze di numeri e lettere si è presto passati alle immagini, che poi si è chiesto di posizionare in modo corretto. Ora siamo passati a semplici giochini in cui si chiede, ad esempio, di preparare una buona cioccolata, se possibile evitando di usare una cipolla, o piantare piante e fiori in un giardino, e non su un aeroplano.

Più compresa nel suo ruolo istituzionale, la Società americana di fisica chiede di riconoscere tra varie immagini quella che raffigura Einstein per poter accedere al suo sito. Possiamo darle torto?

5. *Umane debolezze: algoritmi superstiziosi*

Niels Bohr è un famoso fisico danese vissuto nel XX secolo, premio Nobel per la Fisica nel 1922. Visitandolo a casa sua, un amico notò che lo scienziato aveva sistemato sopra la porta d'ingresso un bel ferro di cavallo. Incredulo, non poté trattenersi dal chiedere se davvero credesse che un ferro di cavallo fosse un portafortuna. Al che Bohr rispose: "Ovviamente no, ma sembra che porti fortuna anche se uno non ci crede".

Se un po' di superstizione non ha compromesso l'acume di un brillante scienziato, perché non provare a vedere cosa combina in un algoritmo? Detto fatto. Due inglesi hanno messo a punto un robot che si chiama Sid e si occupa – forse non sorprenderà saperlo – di investimenti finanziari. Sid opera sul mercato utilizzando un algoritmo superstizioso: prima di decidere se acquistare o meno azioni, controlla la fase lunare del giorno e se la luna è piena o è il 13 del mese lascia perdere immediatamente, oppure vende. L'algoritmo si aggiorna continuamente ed è in grado di inventarsi ulteriori paturnie cabalistiche dando ad esempio uno sguardo ai risultati del campionato di calcio inglese nel giorno di una transazione finanziaria di particolare successo.

Nel giugno 2012 Sid ha debuttato sul mercato investendo circa 5000 sterline versate da 144 generosi finanziatori che potevano seguire in tempo reale l'operato di Sid[11]. Nei primi mesi Sid ha perso circa il 5% di quanto investito, mentre l'indice della Borsa di Londra dove opera ha guadagnato il 4%. A poco più di un anno dall'inizio dell'esperimento, che gli stessi autori hanno avvertito essere potenzialmente in grado di condurre alla perdita totale del capitale investito – anche solo due sterline –, Sid ha perso circa il 16% del capitale iniziale. In fondo, non malaccio per un tipo che considera giornatacce quelle in cui si verifica una eclissi solare...

[11] L'attività di Sid è seguita dal sito http://asuperstitiousfund.com/ da dove è anche possibile scaricare gratuitamente il codice dell'algoritmo.

Non bisogna credere che Sid sia una goliardata. Il progetto ha ricevuto finanziamenti dalla Microsoft e da un fondo di investimento speculativo. L'idea che c'è dietro è che molte delle nostre decisioni, specialmente quelle in cui è coinvolto il denaro, sono prese sulla base di criteri irrazionali formulati da noi o suggeriti da uno dei tanti maghi che operano nel Bel Paese, circa centocinquantamila, con un giro di affari di circa 6 miliardi di euro annui. Sid sta cercando di intercettare le fissazioni che, almeno in parte, guidano gli investitori in carne e ossa per poterne trarre profitto.

Anche se criticati da molti colleghi, due economisti americani, Robert Kolb e Ricardo Rodriguez, hanno concluso nel 1987 che esiste un effetto "venerdì 13". Ovviamente non nel senso che il giorno in sé è sfortunato, ma che i comportamenti tenuti sui mercati finanziari, almeno quelli anglosassoni, sembrano effettivamente risentire di questo pregiudizio.

Nel 2009 Gabriele Lepori, un economista della Copenhagen Business School, ha analizzato dati relativi alla Borsa americana tra il 1928 e il 2008, scoprendo che durante le 362 eclissi solari e lunari avvenute in questi ottant'anni la propensione all'acquisto è diminuita, di poco, ma in modo certo[12]. Per essere più quantitativi, un investitore che ha comprato azioni nel 1928 e si è disinteressato al gironzolare del Sole e della Terra nei successivi ottant'anni ha moltiplicato il suo investimento 37 volte, mentre chi ha rivolto lo sguardo verso il cielo e ha venduto prima di un'eclissi le sue azioni, ricomprandole subito dopo, ha visto aumentare la somma investita di 55 volte... Le eclissi sono un fenomeno interessante da studiare perché sono considerate come presagi di sventure in molte culture; inoltre, essendo osservate in regioni molto ampie della Terra, sono particolarmente seguite dai mezzi di informazione. Viceversa, il venerdì 17, giornata nerissima in Italia, non è giudicato altrettanto male all'estero.

[12] *A total eclipse of the brain*, in "The Economist", 22 luglio 2009.

Lepori ed altri concludono che tendiamo ad affidarci alla superstizione quando ci troviamo ad operare in condizioni di grande incertezza e gli esiti delle nostre azioni possono essere fortemente influenzati da fattori al di fuori del nostro controllo.

6. *Sono come tu mi vuoi: bolle di filtri*

Nell'ottobre del 2013 l'aliquota IVA è aumentata di un punto percentuale, passando dal 21 al 22%. Marito e moglie, volendo saperne di più, digitano su Google la parola IVA, ognuno dal proprio computer. In un attimo ecco i risultati: il marito vede comparire una lista di articoli apparsi sui mezzi di informazione, mentre la moglie viene subito invitata a leggere il comunicato di una grossa catena di arredamento che dichiara di non volere ritoccare i propri prezzi. Tra i risultati della ricerca effettuata dal marito questa rassicurante notizia non è presente. In effetti, il marito non è molto interessato all'argomento. Ma come fa il motore di ricerca a saperlo? Il fatto, realmente accaduto a uno degli autori del libro che state leggendo, è un buon esempio della "personalizzazione" dei risultati effettuata dagli algoritmi dei motori di ricerca.

Nel dicembre del 2009 Google ha introdotto la possibilità di personalizzare la ricerca filtrando i risultati sulla base dell'attività svolta in passato[13] – attività che ha iniziato quindi ad essere costantemente monitorata e registrata. Anche se è possibile bloccare questo tipo di controllo[14], siamo già ragionevolmente indaffarati per pensare di farlo o sapere di doverlo fare. Inoltre, la caccia ai nostri dati personali, alle nostre inclinazioni, al nostro stato di salute e di quello delle nostre finanze e del molto altro che sveliamo di noi giran-

[13] http://googleblog.blogspot.it/2009/12/this-week-in-search-12409.html.

[14] Per gli interessati: la cronologia delle ricerche di Google, o Cronologia Web, può essere disabilitata tramite il menu Opzioni.

do sulla rete è aperta da tempo. I "cacciatori" si chiamano Apple, Microsoft, Facebook, Amazon: secondo uno studio del "Wall Street Journal", insieme ad altri siti molto popolari nel mondo, dalla Cnn a Yahoo!, questi "cacciatori" installano in media 64 cookie, piccoli programmi che registrano le nostre attività sulla rete, per uso personale o per rivenderli ad altre società. Quanto si sa di noi in giro? Tanto... Per esempio, la Acxiom ha raccolto più di mille diverse informazioni su ogni persona presente nei suoi archivi, che racchiudono i dati relativi a circa il 96% degli statunitensi.

Inizialmente questi dati sono stati utilizzati per individuare il nostro profilo in quanto consumatori – la Acxiom ha identificato una settantina di tipi diversi di consumatori – e inviarci pubblicità mirate. Questa strategia ha prodotto ampi movimenti di mercato: ogni informazione sul comportamento di un soggetto, anonimo o ben identificato con nome e cognome, è stata posta all'asta e rivenduta al miglior offerente che la acquista per meglio definire i potenziali clienti e migliorare le vendite, risparmiando sull'acquisto indiscriminato di spazi pubblicitari. C'è chi si spinge a pensare che arriverà presto il giorno in cui gli smartphone ci saranno regalati pur di facilitare l'accesso alla rete e alla pubblicità che vi circola.

La personalizzazione dei risultati di una ricerca sulla rete, al di là di ovvie considerazioni sulla privacy, ha conseguenze rilevanti anche sulla percezione della realtà che ci circonda: infatti, ci presenta un mondo fittizio, adattato alla nostra personalità, alle nostre inclinazioni e aspettative. Ci muoviamo come all'interno di una bolla dove percepiamo solo ciò che più ci aggrada e interagiamo solo con persone dai gusti molto simili ai nostri.

Eli Pariser, autore di un interessante saggio sull'argomento e di orientamento politico liberale[15], ha notato che nel suo

[15] E. Pariser, *Il filtro. Quello che internet ci nasconde*, il Saggiatore, Milano 2012 (ed. or., *The Filter Bubble: What the Internet Is Hiding from You*, The Penguin Press, New York 2011).

profilo Facebook erano a poco a poco scomparsi tutti i riferimenti ai conservatori. Forse a causa di *EdgeRank*, l'algoritmo di cui Facebook fa uso per filtrare i contenuti meno "affini" all'utente.

Dentro questa bolla nessuno ha chiesto di entrarci e molti non sanno neanche di viverci. La bolla può filtrare anche le notizie che leggiamo: nel giugno del 2013 Yahoo! News ha riorganizzato il suo sito puntando sulla personalizzazione. Leggeremo solo ciò che a noi piace, se vediamo il bicchiere mezzo pieno. Ma possiamo escludere che questo meccanismo, al contrario, sia usato per filtrare le notizie in modo impercettibile e, ad esempio, orientare la pubblica opinione?

Il rischio delle bolle è la frammentazione della società in sottoinsiemi non comunicanti. Uscirne è facile: cancellate più spesso possibile la cronistoria delle vostre ricerche e fate buttare via al vostro browser i cookie. E non dimenticate di andarvi a prendere, di tanto in tanto, un aperitivo: un po' di bolle nel bicchiere, anziché nel computer, sono molto più efficaci per la manutenzione della nostra socialità.

Quello che ci aspetta

Ovvero inevitabili problemi di fronte ai quali chiudere gli occhi e far finta che non siano importanti sarebbe da deficienti

9. Il futuro del lavoro: uomini o robot?

Nel 1965 la NASA si dichiarava favorevole ai voli spaziali pilotati da astronauti in carne e ossa perché "l'uomo è il più economico, versatile computer da 75 kg di peso che può essere prodotto in modo esteso da manodopera non qualificata". Dopo mezzo secolo iniziano a sorgere dubbi sulla fondatezza di questa affermazione. Dubbi che ri-alimentano la paura, mai veramente scomparsa, che un uomo, in fondo in fondo, può, o potrà presto, essere rimpiazzato da una macchina, un robot, un algoritmo.

Insomma, da qualcosa che non chiede ferie e aumenti di stipendio.

1. *L'era della disoccupazione tecnologica*

Nel 1779 Ned Ludd, un operaio di Leicester secondo alcuni mai esistito, distrusse due telai meccanici nell'Inghilterra che si avviava verso la rivoluzione industriale, un gesto che ispirò il movimento del luddismo. È forse il primo episodio in cui si manifesta il timore che lo sviluppo tecnologico non favorisca l'occupazione.

Per più di un secolo e mezzo l'automazione di molte attività non ebbe come conseguenza nefasta la distruzione netta di posti di lavoro, ma solo la scomparsa di alcuni tipi di attività, sostituite da altre. Tuttavia, in quegli anni qualcuno è stato effettivamente sloggiato dal mercato del lavoro: il cavallo, progressivamente rimpiazzato dalle macchine a vapore e definitivamente messo fuori gioco dal motore a combustione interna all'inizio del XX secolo.

L'equilibrio tra innovazione e occupazione, però, è stato spesso considerato precario da alcuni autorevoli pensatori. Nel 1930 il famoso economista John Maynard Keynes coniò il termine "disoccupazione tecnologica" ad indicare l'incapacità dell'economia – a suo dire – di creare nuovi posti di lavoro più velocemente di quelli persi a causa della progressiva automazione dei processi produttivi. Più di trent'anni dopo, nel 1964, il chimico Linus Pauling, vincitore di due premi Nobel, l'economista Gunnar Myrdal, futuro vincitore di un premio Nobel, e l'editore di "Scientific American", Gerard Piel, inviarono una lettera all'allora presidente degli Stati Uniti Lyndon Johnson, mettendolo sull'avviso circa la stessa minaccia. Per oltre mezzo secolo queste fosche previsioni sono apparse eccessivamente pessimistiche; in fondo le macchine e i robot sembravano più coadiuvare che sostituire l'operaio o l'impiegato, *unicuique suum*. Da qualche tempo, tuttavia, le opinioni in merito sono meno concordi.

Nel 2004 autorevoli economisti pensavano che alcuni compiti svolti da esseri umani non potessero essere eseguiti da un computer, ad esempio mettersi alla guida di un camion[1]. Invece, nel 2010 quattro veicoli a guida automatica progettati dal laboratorio VisLab dell'Università di Parma hanno percorso più di 15.000 km fino a raggiungere Shanghai e nello stesso anno Google ha messo a punto un'automobile guidata da un robot che ha percorso circa 1600 km – traffico urbano incluso – senza alcun intervento umano.

Trovare un buon ristorante durante un viaggio può non essere semplice e spesso la scelta viene compiuta utilizzando pochi elementi di dubbia rilevanza, tipo la bellezza del locale o la simpatia del personale, che nulla hanno a vedere con le virtù dello chef. E quando riusciamo a valutarle, ahimè negativamente, è ormai troppo tardi. Oggi i cosiddetti "assistenti personali intelligenti", sorta di maggiordomi in versione

[1] F. Levy, R.J. Murnane, *The New Division of Labor*, Princeton University Press, Princeton 2004.

software, cominciano ad essere presenti in molti cellulari. Tu poni una domanda, a voce, e loro formulano una risposta, a voce. E per indicarti dove si mangia bene nella zona in cui ti trovi consultano in rete non una, ma tutte le guide ai migliori ristoranti o i portali dove vengono recensiti. Insomma, avranno gioco facile a convincerci della bontà della loro scelta.

Gli assistenti personali intelligenti, come ogni bravo maggiordomo, cercano di rendere più lieve la nostra quotidianità. Devi recarti a un appuntamento? L'assistente ti avvisa che è ora di muoversi: c'è un ingorgo lungo il percorso – lui lo sa – e dovrai percorrere un percorso alternativo – da lui suggerito. E se sei a corto di carburante ti fa passare anche da un benzinaio. Se invece hai prenotato un volo aereo può dirti di prendertela con calma prima di andare in aeroporto, tanto l'aereo è in ritardo, o consolarti e trovarti un albergo se viene cancellato. Insomma, questi maggiordomi sanno di cosa hai bisogno e quando. Sono esempi di "navigatori della conoscenza", algoritmi in grado di elaborare l'informazione in modo enormemente più ampio di un uomo. Si può pensare che il mercato dei maggiordomi non è poi così esteso e quindi non dovremo preoccuparci più di tanto se qualcuno di loro sarà scalzato da un cellulare parlante. In realtà molti lavoratori, circa il 60% negli Stati Uniti, eseguono compiti in cui è loro richiesto di elaborare qualche tipo di informazione. Certamente con più richieste di un algoritmo in tema di salario e orario di lavoro.

Secondo una recente analisi i miglioramenti tecnologici creano conflitti da cui, inevitabilmente, alcuni escono vincitori e altri sconfitti[2]. Sono stati identificati tre tipi di conflitti: la manodopera a bassa professionalità opposta a quella ad alta, le cosiddette "superstar" contro il-resto-del-mondo, e il capitale contro la manodopera.

Per quanto riguarda il ruolo della qualificazione dei lavo-

[2] E. Brynjolfsson, A. McAfee, *Race against the Machine*, Digital Frontier Press, Lexington 2011.

ratori è fatto accertato che i lavori ripetitivi e con bassa richiesta di abilità sono svolti più facilmente da automi. Molti, ad esempio, avranno apprezzato i robottini-aspirapolvere che gironzolano per casa scovando polvere in ogni dove per poi tornare nella propria cuccia e ricaricarsi. Sembra un gioco, ma non lo è: il robottino ha fatto fuori un collaboratore domestico. La conseguenza più immediata della scarsa offerta di lavoro poco qualificato negli Stati Uniti è stata il crescente divario tra i salari delle persone laureate e di quelle con più basso titolo di studio osservato negli ultimi trent'anni. Il parco dei lavoratori esposti al rischio dell'automazione è notevolmente ampio e comprende numerosi ambienti: fabbriche, banche, attività commerciali, studi legali, call center, giornali, editoria, assicurazioni, contabilità, agenzie di viaggio.

Un recente studio dell'Università di Oxford ha esaminato il mercato del lavoro negli Stati Uniti e ha preso in esame un migliaio di occupazioni. Le conclusioni sono sorprendenti: circa la metà potrà essere assegnata nei prossimi anni a robot, risparmiando in stipendi e migliorando la produttività[3]. Gli autori dello studio hanno osservato che i vari tipi di lavoro possono essere classificati come routinari o meno e manuali oppure concettuali. I più aggredibili sono i lavori manuali ripetitivi ed è sufficiente guardare quanti robot ci sono nella linea di montaggio di una qualunque casa automobilistica per rendersene conto. Un po' meno esposti sono i lavori manuali non ripetitivi, anche se ci sono stati notevoli progressi in pochi anni, dalla già discussa automatizzazione della guida veicolare, alla decifrazione della scrittura a mano – firme su contratti e assegni comprese –, ai robot chirurghi o cuochi.

[3] C.B. Frey, M.A. Osborne, *The future of employment: how susceptible are jobs to computerisation?*, liberamente scaricabile dal sito: http://www.futuretech.ox.ac.uk/sites/futuretech.ox.ac.uk/files/The_Future_of_Employment_OMS_Working_Paper_1.pdf.

2. *Per ora, no: in futuro, magari*

I robot finora non sono stati in grado di affrontare lavori concettuali non ripetitivi, ma anche qui le cose stanno cambiando. Ad esempio, la scoperta di frodi commerciali si sta avviando verso una pressoché completa automazione, poiché un algoritmo è più efficiente di un investigatore umano a spulciare le enormi banche dati oggi disponibili. In alcuni centri medici statunitensi le diagnosi dei medici sono assistite da un supercomputer capace di esaminare un milione e mezzo di cartelle cliniche e più di due milioni di pagine di testo di articoli scientifici. I computer cominciano ad essere usati anche negli studi legali per analizzare documenti al ritmo di quasi trecentomila sentenze e resoconti di dibattimenti al giorno. Abbiamo già parlato degli algoritmi che operano sul mercato finanziario, ce ne sono altri come *Future Advisor* che offrono invece consigli su come investire i propri risparmi a costi molto contenuti. E stanno iniziando a comparire sul mercato algoritmi in grado di scrivere algoritmi migliori di un laureato informatico. In totale si stima che circa 140 milioni di posti di lavoro concettuali sono a rischio nel mondo.

Forse ci rimetteranno le penne anche nobili categorie di lavoratori, ad esempio gli scienziati, gli scrittori e gli autori cinematografici. Per quanto riguarda i ricercatori, le prime minacciose avvisaglie sono arrivate nel 2005, quando un gruppo di informatici del MIT ha sfornato un algoritmo denominato SCIgen allo scopo – secondo gli autori – di "massimizzare il divertimento piuttosto che la coerenza". SCIgen è capace non solo di scrivere ponderosi lavori scientifici, completi di tabelle, grafici, formule e via dicendo – e questo è il meno – ma anche di superare il severo iter di valutazione di una prestigiosa casa editrice internazionale ed essere accettato per la stampa.

Avete mai borbottato alla fine di un film o di un libro che sareste stati in grado di realizzarne uno migliore? Bene, è più facile di quello che sembra. Diversi siti mettono a disposizione algoritmi del tutto gratuiti in grado di generare titoli e trame sulla base di pochi elementi: genere (es.: western, fantascienza, azione, commedia...), figura del protagonista (es.: un giudice sexy, un veterano, un emarginato, un ragazzino precoce, uno scienziato distratto...) e del suo braccio destro (es.: un ex agente della CIA alcolizzato, un cagnolino di nome Fido...), obiettivo (es.: salvare la Terra dagli alieni, commettere o risolvere il crimine perfetto, trovare il vero significato dell'amore...). Se è un film, c'è anche chi si offre di scrivere la colonna sonora[4]. In bocca al lupo...

Altra conseguenza dei miglioramenti tecnologici è stata la creazione di figure "superstar" in grado di dominare non solo il mercato nazionale ma anche quello globale: Sergey Brin e Larry Page con Google, Mark Zuckerberg con Facebook, ma ancor prima Bill Gates e Steve Jobs con Microsoft e Apple sono esempi ben noti. Sui rischi potenziali di una così elevata concentrazione di potere e influenza è inutile soffermarsi, se non per notare che più l'informatica diventa pervasiva più sembra disastrosamente vulnerabile. Ricordiamoci cosa è stata capace di combinare una sola persona, il soldato Snowden, al superprogramma di spionaggio messo in piedi dalla agenzia per la sicurezza nazionale degli Stati Uniti, oppure quel povero disoccupato francese che nel 2008, usando Skype, è entrato per sbaglio nel sistema telefonico della Banca di Francia, costringendo i servizi di sicurezza a spegnerlo per due giorni, e che è sfuggito all'arresto per due anni nonostante fosse registrato su Skype con nome, cognome e indirizzo corretti...

[4] Ad esempio visitate http://www.plot-generator.org.uk/ e buon divertimento!

3. *Brutto, vero? Tranquilli, potrebbe andare peggio*

Il terzo tipo di conflitto favorito dai miglioramenti tecnologici è quello tra capitale e manodopera. Questa contrapposizione si comprende osservando che la maggior parte dei processi produttivi richiede sia macchinari – e relativo software – sia manodopera. Se la tecnologia permette di sostituire un uomo con una macchina, i proprietari delle attrezzature possono guadagnare di più dalla vendita dei loro prodotti, mentre si indeboliranno le spinte per rivalutare i salari. In effetti questo è quanto accaduto negli ultimi anni non solo nel nostro Paese, ma anche in Inghilterra e Germania, dove le retribuzioni sono stagnanti da una decina di anni. In altri termini, il progresso tecnologico promuove una ridistribuzione del reddito tra chi fornisce manodopera e chi fornisce macchinari e software.

Che lo sviluppo tumultuoso della tecnologia sia fonte più di crescenti disuguaglianze sociali che di nuove opportunità di occupazioni lo ha di recente segnalato Robert Reich, economista ad Harvard ed ex ministro del Lavoro dell'amministrazione Clinton, in un documentario uscito nel 2013 dal titolo *Inequality for All*[5]. Reich sottolinea che mentre negli ultimi trent'anni l'economia americana è praticamente raddoppiata, i guadagni se li sono divisi in pochi: l'1% dei Paperoni incamera il 20% di tutta la ricchezza prodotta, tre volte di più di quanto succedeva trent'anni fa, e i 400 americani più ricchi possiedono più dei 150 milioni di americani più poveri. Secondo Noah Smith, giovane professore alla Stony Brook University di New York, per molto tempo circa i due terzi della ricchezza prodotta sono stati spesi in salari, mentre un terzo è finito in redditi da capitale: dividendi azionari, affitti, interessi finanziari[6]. Tuttavia, negli ultimi dieci anni Smith ha rilevato che il vento è cambiato e ora solo il 60% della ricchezza è impiegata per pagare salari.

[5] http://www.youtube.com/watch?v=9REdcxfie3M.

[6] N. Smith, *The End of Labor: How to Protect Workers From the Rise of Robots*, in "The Atlantic", 14 gennaio 2013.

Qualcuno pensa che sia stato l'ingresso nel mercato globale dell'enorme forza lavoro cinese a causare questa diminuzione. È la legge della domanda e dell'offerta: più ce n'è, meno te la pago. Questo punto di vista è quello espresso dagli ottimisti, che ritengono che le cose si riequilibreranno da sole non appena la Cina avrà sviluppato un consistente capitale finanziario. Tuttavia, esiste anche uno scenario alternativo meno roseo, quello di cui stiamo parlando da un po': forse la diminuzione della spesa in salari è causata proprio dall'arrivo della tecnologia, che ha reso economicamente svantaggioso utilizzare manodopera in alcuni settori favorendo la sua sostituzione con più efficienti robot. L'economista premio Nobel Paul Krugman ha recentemente osservato che, dopo un periodo di delocalizzazione selvaggia di attività manifatturiere in Cina, le pecorelle stanno tornando all'ovile. Un rientro che potrebbe spiegarsi molto facilmente se si confrontano i costi produttivi in aziende riempite di robot e non di operai cinesi[7]. Krugman descrive il fenomeno come un esempio di *capital-biased technological progress*, ovvero progresso tecnologico condizionato dal capitale (a scapito della manodopera), e alimenta il sospetto che la crescente competizione tra capitale e manodopera stimolata dai progressi tecnologici sia stata trascurata negli anni Novanta da molti economisti perché di vago sapore "marxista".

Chi ci sta rimettendo le penne in questo braccio di ferro tra uomini e robot? La classe media, come denuncia un altro economista, Tyler Cowen[8], che individua tre motivi in parte già sottolineati: 1) la crescente automazione con robot e algoritmi sempre più efficienti; 2) la globalizzazione, intesa soprattutto come competizione con la Cina; 3) modi migliori per valutare un lavoratore, concludendo magari che non vale

[7] P. Krugman, *Rise of the Robots*, in "The New York Times", 8 dicembre 2012.

[8] T. Cowen, *Average Is Over: Powering America Beyond the Age of the Great Stagnation*, The Penguin Press, New York 2013.

il proprio salario. Cowen, infatti, sottolinea che l'uso sempre più massiccio dei computer in molte attività finisce per favorire la misura e la valutazione dei risultati ottenuti. Giornalisti e ricercatori, ad esempio, sanno molto bene quante persone leggono e commentano i loro articoli ormai scritti e distribuiti in buona parte in forma elettronica. Quindi, vuoi per risparmiare, vuoi per merito, la società tende sempre più a polarizzarsi, facendo scomparire chi sta in mezzo. Infatti, sei lavori persi su dieci provengono da lì. Spariscono contabili e impiegati di banca sostituiti da computer in grado di manipolare fatture e gestire conti correnti online. Spariscono orchestrine, tanto con una tastiera digitale ormai sembra di dirigere i Wiener Philarmoniker. Spariscono agenzie di viaggio travolte dai numerosi siti che permettono di prenotare alberghi, voli, treni e pacchetti vacanze. Spariscono molti negozi sostituiti da siti dove è possibile comprare di tutto a costi minori; in Italia non ci fidiamo ancora e solo il 2% delle transazioni si svolge su internet, ma in Inghilterra e Giappone (10-14%) e nella Repubblica Ceca (24%) i numeri sono diversi.

La tesi di Cowen è che in un futuro non lontano la tecnologia dividerà la società in due gruppi, quelli in grado di trarne profitto o che non ne vengono aggrediti, i vincitori. E tutti gli altri. L'assegnazione a uno dei due gruppi avverrà sulla base di criteri ipermeritocratici che stabiliranno il valore dell'individuo e che con più facilità forniranno giustificazioni per lasciare indietro gli altri, i non appartenenti alla classe degli ottimati. Secondo Cowen, errori e mediocrità saranno sempre più difficili da nascondere, per esempio per un medico.

Sembra uno scenario futuribile? San Francisco pare offrire già un esempio concreto. La città è vicina alla Silicon Valley, l'area con la massima concentrazione di aziende ad alta tecnologia, e molte delle persone che vi lavorano vivono nel territorio metropolitano della città californiana. Negli ultimi trentacinque anni la classe media è progressivamente diminuita a San Francisco mentre grandi sacche di povertà hanno iniziato ad emergere, incapaci di reggere all'impatto di un mercato immobiliare e di un costo della vita in costante crescita a causa della pressione esercitata da chi lavora – e guadagna – con la tecnologia[9]. Una delle caratteristiche più inquietanti è la progressiva separazione delle esistenze tra chi lavora nella Silicon Valley e chi no: bus dedicati per trasportarli da casa al lavoro, sedi di lavoro sempre più simili a comunità autosufficienti e impenetrabili con dentisti e lavanderie incorporati[10].

Secondo il sito *Great Place to Work* le prime quattro aziende dove si lavora meglio al mondo sono tutte informatiche e con base negli Stati Uniti: al primo posto svetta Google, californiana come NetApp, che risulta terza. Questo splendido isolamento non vuol dire ovviamente che gli appartenenti alla comunità *high-tech* californiana siano disinteressati a quanto accade intorno a loro, tutt'altro. La Silicon Valley non è una filosofia, una rivoluzione o una causa. È un gruppo di aziende e di individui molto ricchi con interessi precisi. Talvolta questi interessi coincidono con quelli pubblici, e talvolta no. E quindi perché meravigliarsi se questa élite meritocratica, come ama definirsi, sta iniziando ad interessarsi alla vita politica cercando di trasferirvi i propri modelli aziendali?[11]

4. *Vi rivolgereste ad un avvocato robotico?*

Il quadro, comunque, non è completamente nero. Forse l'uomo non farà la stessa fine del cavallo in questa nuova rivoluzione industriale in cui i robot sembrano giocare il ruolo delle locomotive a vapore del XIX secolo. Tanto per cominciare i robot non possono fare tutto: trattative e azioni di persuasione sembrano difficili da far svolgere a un robot[12]; dunque, di-

[9] G. Packer, *Change the World*, in "The New Yorker", 27 maggio 2013.
[10] *Ibid.*
[11] *Ibid.*
[12] Frey, Osborne, *The future of employment* cit., pp. 26-28.

plomatici e addetti alle pubbliche relazioni saranno in carne e ossa ancora per un po'. E poi, comprereste mai un'auto da un androide? Anche i servizi di assistenza alla persona sembrano salvi: infermieri, fisioterapisti e badanti possono stare tranquilli. I robot, inoltre, sono molto impacciati: hanno grossi problemi a identificare e manipolare oggetti, specialmente se irregolari. Tenetevi quindi alla larga da robot camerieri che vi porgono piatti, se siete vestiti con cura. Sarà difficile anche incontrare presto attori, maestri di tennis e di sci dalla voce metallica. Per non parlare di cantanti. I robot non sono creativi. Finora è stato impossibile dotare una macchina di una purché minima forma di intelligenza. Non conosciamo ancora bene la mente umana e quindi non sappiamo riprodurla. Ne parleremo a lungo tra qualche pagina.

Se alcune professioni sembrano in grado di respingere l'assalto degli umanoidi, altre attività potrebbero risorgere dalle proprie ceneri riqualificandosi. Citiamo l'esempio, reale, di un commerciante costretto a chiudere il proprio negozio di giocattoli ma che non si è perso d'animo e ha avuto una brillante idea: aprirne uno nuovo di zecca ma virtuale. Il risultato è stato travolgente, puntando su una categoria di prodotti – le bambole e i pupazzi – per i quali esiste un mercato globale in cui cinesi, americani, svedesi e francesi sono pronti a fare – concretamente, non virtualmente – follie.

Speranze concrete per gli esseri umani arrivano anche dal settore industriale che più ha utilizzato robot negli ultimi anni, quello automobilistico. Il controesempio arriva dagli Stati Uniti e ha un nome: Tesla Motors. Quest'azienda, fondata solo dieci anni fa e che ha deciso di chiamarsi come un famoso scienziato serbo, padre della corrente alternata, vissuto a cavallo tra il XIX e il XX secolo, è all'avanguardia nella costruzione di automobili di gamma alta a trazione elettrica. Tesla Motors è un'industria ad elevatissima automazione, cioè piena zeppa di robot che montano le varie parti del veicolo. In California, dove si concentrano le sue vendite, ha iniziato a erodere quote di mercato a giganti del settore come Mercedes, BMW, Lexus e Porsche[13]. Ma Tesla Motors è talmente ambiziosa da sfidare quelli di Google in uno dei terreni più di avanguardia: la macchina che si guida da sola[14]. Solo con i robot? Macché: reclutando buoni, vecchi e affidabili ingegneri ai quali chiede di sviluppare adeguate strategie di controllo dell'operato del robot autista, come recita il sito aziendale.

La creatività del personale umano è stata essenziale nell'azienda, contro di essa i computer nulla possono. Il mercato della macchina elettrica ha sempre avuto un punto debole nella procedura di ricarica della batteria, spesso lenta e disponibile in pochi siti. Gli ingegneri di Tesla hanno progettato un dispositivo di ricarica molto rapido – circa 20 minuti – e con una caratteristica molto appetitosa: l'operazione è totalmente gratuita perché garantita da pannelli solari. Il basso costo di realizzazione di una stazione di ricarica permetterà a Tesla di raggiungere nel 2014, undici anni dopo la sua nascita, l'80% della popolazione degli Stati Uniti. E di fare paura ai costruttori di autovetture tradizionali[15]. Le buone idee, come sempre, camminano da sole. I robot – caso mai – le fanno correre solo di più.

5. *Un vecchio metodo per riprendersi il futuro (cioè, studiare...)*

Torniamo per un attimo a riconsiderare un aspetto che abbiamo notato, ovvero che entro non molti anni i robot potrebbero svolgere molte delle professioni manuali o di basso profilo concettuale. Rimangono quindi ampi spazi occupazionali per quanti hanno potuto seguire un buon percorso di studio e vantare doti intellettuali di rilievo. La conoscenza ha un peso

[13] M. Rogowsky, *Numbers Don't Lie: Tesla Is Beginning To Put The Hurt On The Competition*, in "Forbes", 24 agosto 2013.

[14] R. Waters, H. Foy, *Tesla moves ahead of Google in race to build self-driving cars*, in "Financial Times", 17 settembre 2013.

[15] Rogowsky, *Numbers Don't Lie* cit.

economico di tutto rilievo: il costo di un nuovo pc è per il 90% deciso da beni immateriali come creatività e capacità di progettazione e solo per il 7% dal costo delle materie prime. Uno studio della Banca Mondiale del 2006 ha reso evidente che la ricchezza dei Paesi più sviluppati è per l'80% decisa dal capitale intangibile legato alla ricchezza intellettuale, un dato che scende al 59% nei Paesi meno sviluppati. La differenza tra i Paesi è quindi tra chi sa e chi sa fare. La vera competizione è sui saperi. Obama ha dichiarato con orgoglio che gli Stati Uniti sono grandi perché hanno grandi università.

E noi italiani come giochiamo la partita contro i robot? Con una mano legata dietro la schiena. Secondo l'ISTAT[16], in Italia il 44% degli adulti tra i 25 e i 64 anni ha solo un titolo di studio di scuola media inferiore, mentre in Europa la percentuale si abbassa al 25%; il 18% dei ragazzi italiani tra i 18 e i 24 anni abbandona gli studi prima del diploma di maturità, mentre in Europa è il 13%. Nel nostro Paese l'incidenza della spesa in istruzione e formazione sul prodotto interno lordo nel 2010 è stata pari al 4,5%, valore inferiore a quello dell'Unione Europea (5,5%). Ma i problemi sono ancora più grandi. Non sembriamo in grado di colloquiare con la tecnologia. A tale conclusione è giunta l'OCSE, tramite il programma PIAAC (*Programme for the International Assessment of Adult Competencies*). PIAAC promuove periodicamente un'indagine

> [per] conoscere attraverso un questionario e dei test cognitivi specifici le abilità fondamentali della popolazione adulta compresa tra i 16 e i 65 anni, ovvero quelle competenze che risultano indispensabili per partecipare attivamente alla vita sociale ed economica nel 21° secolo. PIAAC mira ad avere informazioni sulle competenze degli adulti – definite dall'OCSE *foundations skills* – e in particolare sulla lettura (*Literacy*), sul calcolo (*Numeracy*) e sulle competenze collegate alle tecnologie dell'informazione e comunicazione (ICT)[17].

[16] http://noi-italia.istat.it/.

[17] Dal sito dell'Istituto per lo Sviluppo della Formazione Professionale dei Lavoratori (http://www.isfol.it/piaac/che-cos2019e-piaac).

Su ventiquattro Paesi monitorati il Bel Paese è risultato ultimo per competenze alfabetiche e penultimo per quelle matematiche: in pratica, solo un italiano su tre possiede le competenze minime per vivere e lavorare nel XXI secolo[18]. Per quanto riguarda le competenze informatiche, solo il 58% dei partecipanti italiani, contro una media OCSE del 77%, è stato in grado di partecipare alla valutazione[19], peraltro senza svolgere il test relativo[20].

Questo analfabetismo è certificato anche dai desolanti risultati di un'altra indagine condotta dall'OCSE nel quadro del programma ALL (*Adult Literacy and Life Skills*) allo scopo di sondare le competenze degli adulti tra i 16 e i 65 anni[21]. Il 5% degli italiani non sa leggere il bugiardino di un medicinale e comprendere per quanti giorni è possibile assumere il farmaco. Quasi la metà, leggendo le poche righe di un foglietto illustrativo allegato a una pianta ornamentale, non è in grado di isolare la frase "Se la pianta è esposta a temperature di 12-14 gradi perde le foglie e non fiorisce più" e non è quindi capace di spiegare che cosa accade alla pianta se viene esposta ad una temperatura inferiore ai 14 gradi. Quasi il 70% non sa dire come regolare il sellino di una bicicletta, avendo sotto gli occhi l'unica pagina di un manuale dove la procedura è descritta insieme ad altre quattro/cinque informazioni non pertinenti. L'80%, infine, ha grosse difficoltà a eseguire semplici calcoli matematici o leggere grafici o tabelle.

La pericolosità di questa situazione è evidente: non abbiamo strumenti per comprendere, siamo inermi, e quindi facilmente abbindolabili. Come nelle pubblicità agghindate di grafici e tabelle, che conferiscono un'aria di autorevolezza

[18] S. Fiori, *Italia, record d'ignoranza – ultima tra i Paesi sviluppati*, in "la Repubblica", 9 ottobre 2013.

[19] http://www.isfol.it/pubblicazioni/highlights/Isfol-Piaac%202013/ICT.

[20] http://www.oecd.org/site/piaac/Country%20note%20-%20Italy%20%28ITA%29.pdf.

[21] S. Fiori, *I nuovi analfabeti*, in "la Repubblica", 29 marzo 2013.

"scientifica" a miracolose creme cosmetiche, trattamenti per la caduta dei capelli, medicinali vari e pannolini per bimbi. Sì, quelle in cui una scienziata gnocca e dal camice pulito (la prima ipotesi è rara ma possibile, la seconda è semplicemente assurda) ti assicura che la lozione sviluppata da lei e da altri pseudo-lavoratori come lei "fa ricrescere i capelli fino al 75% dei casi".

Fino? Come diceva Beppe Grillo, quando ancora era consapevole di fare il comico, "se io entro in un negozio e chiedo quanto costa una camicia, e il negoziante mi dice 'fino a duecento euro', io gli rispondo 'bene! Ecco qua due euro, dammi la camicia e non mi rompere i coglioni'".

10. Algoritmi, avvocati e altri enti privi di scrupoli

> Basandomi sul fatto evidente che,
> nonostante lo conosca da anni,
> George W. Bush non è mai morto,
> posso asserire con ferma convinzione
> che George W. Bush è immortale.
>
> Daniel Kahneman

Quando il poeta latino Giovenale voleva dire che un determinato fatto era impossibile, diceva "rara avis in terrae negroque simillima cygno". Ovvero, "i cigni neri sono rari", modo edulcorato di dire che un cigno nero non si è mai visto, *e perciò deve essere impossibile.*

Purtroppo, la natura non era d'accordo, come videro con i propri occhi gli esploratori dell'emisfero australe alla fine dell'Ottocento, quando si parò loro davanti un cigno nero in carne e piume...

1. *Nuove beghe, vecchi rimedi*

Dire "non è mai successo" non è garanzia del fatto che non succederà mai. Difatti, l'avvento dei robot sta ponendo nuove domande, specialmente di natura giuridica. Avvocati e assicuratori in grisaglia ed esperti informatici con infradito di ordinanza, i cosiddetti "geek", si scambiano opinioni in animate, e fino a poco tempo fa impensabili, conferenze, finanziate anche da serissime istituzioni come l'Università di

Oxford in Inghilterra, quella di Stanford negli Stati Uniti o l'Unione Europea[1]. Gli argomenti trattati dai relatori sono affascinanti e, parimenti, inquietanti. Si parla di "Legge, etica e progettazione di robot in grado di suscitare affetto", "Autodifesa dai robot", "Poliziotti robot", "Droni killer e diritti umani".

Lo scrittore di fantascienza Isaac Asimov negli anni Quaranta propose tre leggi per la robotica:

1) Un robot non può recare danno a un essere umano né può permettere che, a causa del proprio mancato intervento, un essere umano riceva danno.

2) Un robot deve obbedire agli ordini impartiti dagli esseri umani purché tali ordini non contravvengano alla Prima Legge.

3) Un robot deve proteggere la propria esistenza, purché questa autodifesa non contrasti con la Prima o la Seconda Legge.

Dopo più di settant'anni i robot sono usciti dalle pagine dei romanzi di fantascienza e iniziamo a renderci conto che le leggi di Asimov devono almeno essere integrate. Ogni robot pone problemi legali particolari. Se un robot medico, dopo aver esaminato la cartella clinica del paziente, la confronta con quella di milioni di altri soggetti per formulare una diagnosi, come possiamo garantire la piena riservatezza dei dati analizzati? Probabilmente non sarà possibile avere la botte piena e la moglie ubriaca e, alla fine, dovremo rispondere a un'altra domanda ancora più preoccupante: preferiamo avere più privacy o migliore assistenza medica? Tornando ai robot autisti, chi paga se provoca un incidente? L'orientamento, seppur cauto, è che sia il produttore del robot.

Cominciano a svilupparsi protesi intelligenti: arti artificia-

[1] La più popolare, il GikII Workshop, ha festeggiato nel 2013 la sua ottava edizione (http://www.gikii.org/). Si veda anche la conferenza *We Robot* (http://robots.law.miami.edu/2014/) e il progetto europeo *RoboLaw* (http://www.robolaw.eu).

li controllati dai segnali elettrici del cervello[2] o esoscheletri progettati inizialmente per aumentare le prestazioni fisiche dei militari, ma che si stanno rivelando utili per garantire autonomia e mobilità a persone con disabilità motorie[3]. Sono giuridicamente parte del nostro corpo? Un artista britannico, che non è in grado di distinguere i colori ed è quindi dotato di un occhio bionico, ha ingaggiato, vincendola, una battaglia legale con le autorità del suo Paese per essere autorizzato ad indossare il suo occhio nella foto allegata al passaporto. Se un giorno si renderà disponibile un chip per riparare i danni provocati da un ictus cerebrale, è legittimo chiedersi se potremo permettere anche a una persona sana di farne uso, e chi avrà l'autorità per decidere in tal senso. Se una persona soffre di una dolorosa forma di artrite, a quale livello di sofferenza si dovrà arrivare per poter autorizzare l'impianto di un arto bionico? Queste protesi costituiranno un vantaggio improprio? È una domanda che potrebbe diventare presto attuale: si stanno progettando protesi per migliorare i nostri sensi e la nostra memoria. La questione è stata già sollevata nel caso di protesi convenzionali: basta ricordare l'atleta sudafricano Oscar Pistorius, che ha dovuto attendere anni prima di poter correre in gare con atleti normodotati.

Per riuscire a far comunicare con il mondo esterno persone completamente paralizzate o apparentemente prive di coscienza, gli scienziati più visionari immaginano microrobot delle dimensioni di pochi millesimi di millimetro che, iniettati nel nostro corpo, risalgono il flusso sanguigno per installarsi nel cervello e permettergli di comunicare o controllare il resto del corpo[4]. Queste persone avranno gli stessi diritti/do-

[2] C. Bell, P. Shenoy, R. Chalodhorn, R. Rao, *Control of a humanoid robot by a noninvasive brain-computer interface in humans*, in "Journal of Neural Engineering", V, 2008, pp. 214-220.

[3] http://bleex.me.berkeley.edu/research/exoskeleton/.

[4] I.R. Nourbakhsh, *Robot Futures*, MIT Press, Cambridge (Mass.) 2013, pp. 96-100 (trad. it., *Robot fra noi: le creature intelligenti che stiamo per costruire*, Bollati Boringhieri, Torino 2014).

veri di una persona qualunque? Le loro affermazioni avranno valore legale o dovranno essere avvalorate da un tutore? E in questo caso come tutelarne la privacy? Hugh Herr, studioso di robotica presso il MIT, ritiene che la disabilità sia un problema che perdura a causa del limitato sviluppo tecnologico e che entro il XXI secolo verrà eliminata quasi completamente. Per dare forza alle sue parole, durante una conferenza ha iniziato a ballare sul palco per una decina di minuti. Il pubblico, sorpreso dal suo comportamento, è rimasto a bocca aperta quando alla fine delle sue evoluzioni Herr si è sollevato le gambe dei pantaloni e ha mostrato le sue gambe bioniche. Herr è giuridicamente ancora un disabile?

2. *Chi è che uccide, l'uomo o la pistola?*

C'è chi ha osservato che la possibilità, per il momento ancora remota, di sostituire parti umane originali con "pezzi di ricambio" bionici fa riemergere il paradosso della nave di Teseo di cui parleremo in seguito: oltre quale limite l'uomo cessa di essere tale e diventa un robot?

Tra i tanti robot, ce ne sono alcuni che ci volteggiano sopra la testa in numero sempre maggiore, anche se non ce ne accorgiamo: i droni. Questi robot pongono problemi legali molto particolari, in parte comici come vedremo, a cui i legislatori con evidente imbarazzo cercano di dare risposte che si sono rivelate finora vaghe e contraddittorie. La parola "drone", anche se ha iniziato ad essere usata con molta frequenza in italiano, è una parola inglese che identifica il fuco, il maschio dell'ape domestica. Usualmente indica un mezzo aereo privo di equipaggio e controllato a distanza, insomma un robot volante. I droni hanno iniziato a popolare i cieli per scopi militari e hanno avuto una diffusione molto veloce perché permettono di compiere azioni senza rischiare vite umane.

Nel corso della guerra in Afghanistan, i droni pilotati dagli Stati Uniti si sono resi protagonisti di vari interventi, tra i quali il monitoraggio delle attività di Osama Bin Laden. I droni hanno violato, e violano, la Prima e la Seconda Legge della robotica: hanno ucciso esseri umani e non si sono opposti a chi chiedeva loro di eseguire un simile compito.

In linea di principio, un aereo privo di pilota non può essere necessariamente definito come illegale. Tuttavia, i droni sono spesso utilizzati segretamente e diventa pressoché impossibile compiere qualunque tipo di controllo. Esperti delle Nazioni Unite hanno concluso che almeno trentatré interventi di droni in scenari di guerra hanno causato perdite tra la popolazione civile, con conseguente violazione di varie leggi internazionali. La pressoché totale assenza di trasparenza nel loro uso impedisce di approfondire l'impatto dell'attività bellica dei droni sulla vita civile. Alcuni diplomatici hanno dichiarato che solo il 10% delle vittime civili causate da droni erano state preventivamente classificate come soggetti da eliminare. Le Nazioni Unite lamentano inoltre lo stato di caos – testuale – nelle leggi internazionali che cercano di regolarne l'uso. Su sollecitazione della delegazione pakistana, le Nazioni Unite alla fine del 2013 hanno adottato una risoluzione sulla salvaguardia dei diritti umani e delle libertà fondamentali nella lotta al terrorismo in cui il problema dell'uso dei droni è menzionato, per la prima volta, in modo esplicito. L'Assemblea ha sottolineato l'"urgente e imperativa" necessità di un accordo fra gli Stati membri sugli aspetti legali riguardanti le operazioni in cui sono coinvolti questi robot volanti.

I droni non sono necessariamente dei delinquenti, anzi possono dare una mano a scovarne tra gli esseri umani o a segnalare situazioni di pericolo. O meglio "potrebbero" perché non tutto fila liscio. Lo Stato americano del New Jersey ha limitato l'impiego di droni nelle operazioni di sorveglianza del territorio da parte della polizia e dei vigili del fuoco, per evitare violazioni della privacy e dei vincoli di sicurezza. Sempre negli Stati Uniti un agguerrito gruppo di animalisti raccolti sotto la sigla PETA (People for the Ethical Treatment of Animals) ha proposto di usare i droni per stanare i cacciatori e i pescatori che si comportano in maniera scorretta, per esempio sotto l'azione dell'alcool. Le reazioni sono state violente e alcuni cacciatori hanno addirittura minacciato di abbattere a fucilate gli "Angeli dell'Aria", questo il poetico nome dei minuscoli robottini grandi quanto un passerotto.

Essendosi alzati i toni della discussione, la politica non poteva tirarsi più indietro. Il governatore dell'Illinois, membro del Partito Democratico, rispondendo alle lamentele di chi temeva azioni di disturbo per allontanare fagiani e trote, ha dato ragione ai cacciatori e ai pescatori e ha firmato all'inizio del 2014 una legge per proibire qualunque interferenza. La situazione, lungi dall'essersi chiarita, è destinata ad aggrovigliarsi ulteriormente. Gli animalisti, infatti, non si sono persi d'animo e hanno deciso di far comunque volteggiare i droni sopra le teste dei cacciatori, definendo gli "Angeli dell'Aria" come un semplice hobby in modo da aggirare la legge.

3. *Non ti sto guardando, ho solo un binocolo puntato su di te*

L'uso dei droni per dare uno sguardo dall'alto può interessare anche forze dell'ordine e organi di controllo. E i controllati non sono ovviamente felici di esserlo. Negli Stati Uniti l'industria chimica Dow ha intentato causa all'ente federale per la protezione dell'ambiente (EPA) colpevole – secondo gli avvocati dell'azienda – di aver fatto ispezionare un impianto a un drone per verificarne il livello di inquinamento. La causa è riuscita a coinvolgere anche la Corte Suprema, ma non è stata vinta. Forte di questo successo, l'EPA ha avviato una decisa campagna aerea per stanare gli inquinatori, suscitando l'entusiasmo degli ambientalisti e scatenando feroci accuse anche da parte degli allevatori di bestiame – ebbene sì, anche loro potenziali inquinatori – di cancellare posti di lavoro, calpestare le libertà fondamentali, e anche di fare dello spionaggio d'accatto. La febbre è alta e la confusione è ulteriormente aumentata quando Philip Steel, un abitante del microscopico paesino di Deer Trail in Colorado (532 abitanti), ha promosso un referendum cittadino per decidere se vendere o meno licenze di caccia per abbattere i droni federali a cui dovesse mai venire in mente di sorvolare la ridente cittadina. Steel, subito definito da autorevoli commentatori statunitensi "un patriota coraggioso", è contrarissimo alla decisione degli organi di controllo dell'aviazione civile americana di autorizzare il volo dei droni nello spazio aereo americano nel 2015, peraltro sotto vincoli severissimi[5]. Alla domanda postagli dai giornalisti se avesse mai visto un drone passare sopra casa sua, ha candidamente risposto di no, aggiungendo che si tratta comunque di una "questione di principio" motivata dal diritto di difendere la propria privacy.

Qualche lettore scrollerà le spalle pensando che si tratta delle solite "americanate". Si sbaglia. I droni sono utilizzati correntemente anche nel nostro Paese. Di recente sono stati impiegati dai tecnici incaricati di rimuovere un treno deragliato a causa di una frana e bloccato su un costone di roccia a strapiombo sul mare nella riviera ligure di Ponente[6]. A Torino i droni sono al lavoro già da un po' e i problemi di privacy tanto avvertiti oltreoceano non sembrano prioritari. Per il momento la Polizia Municipale li ha utilizzati – meritoriamente – per controllare lo spaccio di droga e i parcheggiatori abusivi, ma sono previsti interventi anche per l'identificazione delle discariche abusive, il monitoraggio del campo nomadi e il controllo degli abusi edilizi. Paese che vai, polizia che trovi. Negli Stati Uniti i giudici devono autorizzare la polizia ad usare droni. In Italia sembra di no. In Turchia, invece, la polizia abbatte i droni, come è accaduto durante le proteste di piazza Taksim nel giugno 2013. In quel caso il drone, una specie di elicotterino, era stato fatto decollare dai manifestanti per documentare il comportamento delle forze dell'ordine.

[5] Chi fosse interessato al punto di vista di Philip Steel può visitare il suo sito: http://www.droneshooters.com.

[6] http://video.corriere.it/ancora-pochi-metri-treno-che-scivola-il-mare/ad1a3ffe-883c-11e3-bbc9-00f424b3d399.

Piccola parentesi sui droni, che conferma che un oggetto non è mai "buono" o "cattivo" in sé, caso mai è l'uso che se ne fa che lo rende tale. Ricordate i pazienti "chiusi dentro" di sé e impossibilitati a comunicare con il mondo esterno a causa di danni cerebrali o malattie come la terribile SLA, la sclerosi laterale amiotrofica? Bene, un'azienda senese, la LiquidWeb, ha sviluppato un casco dotato di sensori che è in grado di utilizzare i segnali elettrici del cervello per pilotare con il pensiero un piccolo drone. Fine della parentesi.

I droni cominciano a suscitare interesse anche tra i giornalisti, specialmente quelli impegnati in zone ad alto rischio, come i teatri di guerra. Nel dicembre 2013 un giornalista della BBC ha realizzato un servizio sui disordini in corso a Bangkok utilizzando una telecamera montata su un drone. Il robot ha prima sorvolato un enorme corteo che stava attraversando la capitale tailandese per poi arrestarsi di fronte al giornalista circondato da manifestanti incuriositi, per un momento poco interessati ai temi all'origine delle proteste[7]. L'uso di droni giornalisti non può che essere incoraggiato per garantire l'incolumità del collega in carne e ossa.

Tuttavia, anche la caccia alla notizia – e non al terrorista – se condotta con un drone si può trasformare in pane per gli avvocati. Nell'agosto del 2013 la cantante Tina Turner è convolata a nozze nella sua splendida villa adagiata sulla riva del lago di Zurigo. Gli alberi secolari del parco e un vasto telo rosso posto di fronte al porticciolo della villa sembravano proteggere alla vista sia i due innamorati nel loro giorno più bello sia il centinaio di vip presenti alla cerimonia. Ma se le truppe dei giornalisti acquartierate nei dintorni potevano essere respinte, sia pure con gravi perdite, in caso di loro attacco da terra o da lago, il cielo si presentava totalmente indifeso. Un'occasione imperdibile per un fotografo svizzero, che con un drone si è infilato nella villa e ha realizzato lo

[7] Il servizio è disponibile su YouTube (http://www.youtube.com/watch?v=Kr2kdtZOFW0).

scoop dell'anno immortalando il matrimonio officiato con rito buddhista. L'audace reporter non l'ha passata liscia procurando parecchie noie ai legali della rivista con cui lavora, vuoi perché gli sposini avevano già venduto i diritti di ripresa ad altri, vuoi perché la polizia svizzera lo ha accusato di aver messo a rischio gli elicotteri che, volteggiando sopra la villa, spargevano petali di rose.

In effetti, il rischio che uno di questi mini-droni, che si possono tranquillamente acquistare senza particolari permessi, possa cadere è reale, specialmente se pilotato da persona inesperta. Nell'ottobre 2013, in una specie di riedizione – per fortuna incruenta – del terribile attacco alle Torri Gemelle un drone che volteggiava tra un grattacielo e l'altro di Manhattan ne ha colpito uno ed è caduto sul marciapiede sottostante sfiorando un passante[8].

Dei droni si sono incapricciati anche i registi cinematografici, alla ricerca di riprese mozzafiato nei film di azione; e gli agricoltori, per monitorare le coltivazioni o spargere fertilizzanti e pesticidi in modo controllato. E Amazon ha persino proposto di consegnare libri con droni postini. È chiaro che dell'uso di questi robot volanti si parlerà sempre di più in futuro, vuoi per gli aspetti legali e di sicurezza vuoi per il business che sta crescendo vorticosamente intorno a loro, come conferma anche Google Trends che segnala un progressivo aumento della presenza in rete della parola "drone".

4. *Regole per non restare impigliati in una rete di responsabilità*

"Mai chiedere a uno studioso di robotica che cosa sia un robot. La risposta cambia troppo rapidamente"[9]. Nel tempo in cui i ricercatori si accordano su cosa è o non è un robot,

[8] La vista di Manhattan offerta dal drone è disponibile su web (http://abclocal.go.com/wabc/story?id=9270668).

[9] Nourbakhsh, *Robot Futures* cit., p. XIV.

la frontiera si è già spostata in avanti. Questo è forse uno degli aspetti più delicati per il legislatore che si appresta a disciplinare la robotica: avere la sensazione di acchiappare le nuvole con una retina da farfalle. È una sfida che si può affrontare cercando di regolare solo gli aspetti più generali e affermando principi universali. Nel corso del progetto europeo RoboLaw, coordinato dalla Scuola Superiore Sant'Anna di Pisa, informatici, ingegneri, giuristi e filosofi hanno stilato un codice costituito da diciotto regole, ancora in forma non definitiva: un *work in progress*[10]. Le linee-guida sono pienamente accettabili. Ad esempio, la prima regola afferma che i robot vanno creati solo per svolgere un lavoro o un servizio. Insomma, niente androidi sfaccendati. Tutti d'accordo. Giustamente, si stabilisce anche che gli esseri umani non dovranno mai essere impiegati al servizio dei robot e che i robot non dovranno suggerire stereotipi razziali o di genere. E non dovranno mai neanche impartirci degli ordini.

Tuttavia, scorrendo l'elenco, talvolta si ha l'impressione che la robotica, scienza giovane, corra a velocità molto più elevata della giurisprudenza, materia più incline alla riflessione pacata. Ad esempio, il codice stabilisce che il lavoro o i servizi svolti dai robot non dovranno diminuire l'occupazione delle persone, ma solo migliorarla. Purtroppo, come abbiamo già osservato, a livello mondiale sembra consolidarsi una robusta automatizzazione del lavoro con notevoli ricadute sul piano sociale, dove gli strati a bassa qualifica lavorativa rischiano di essere emarginati. Anche la regola che chiede ai robot di non sostituirci mai nei legami affettivi, se non per produrre benefici – ad esempio nel campo dell'assistenza alla persona in caso di demenza senile o autismo –, potrebbe presto essere insidiata dall'avanzata dell'*Affective Computing*, che non solo stimola la nostra emotività ma è anche capace di manipolarla:

[10] M. Gasperetti, *Il codice dei doveri dei robot: "Obbedite e non uccidete"*, in "Corriere della Sera", 24 novembre 2013.

potrebbe risultare più economico intervenire sui consumatori che migliorare un prodotto, tanto per fare un esempio.

Gli estensori del codice sono perfettamente consapevoli che si tratta solo di un primo tentativo. E difatti si sono tenuti alla larga dall'affrontare l'uso dei robot in campo militare. Va quindi considerata con cautela la riaffermazione della prima delle tre leggi di Asimov: un robot non può essere programmato per uccidere. Chissà se qualcuno lo ha detto a chi sta già realizzando droni che vanno a caccia di obiettivi umani in modo autonomo![11]

Fin qui abbiamo divagato sulla mole di lavoro che i robot potrebbero dare ad avvocati e giudici; poniamoci ora la domanda da un milione di dollari: se a rompere è un robot, *chi* paga? Il problema della responsabilità delle azioni compiute dai robot si avverte già oggi che non sono autonomi ma più o meno teleguidati da persone in carne e ossa, sia pure a migliaia di chilometri di distanza. Figuriamoci quando avranno mano libera (il che forse sta già accadendo).

Per capire quanto sia facile provocare danni usando prodotti ad alta tecnologia e difficile individuarne i responsabili, è istruttivo ricordare quel che accadde una trentina di anni fa con una macchina per la radioterapia tumorale. Si chiamava Therac 25, ed era molto meno complessa degli attuali robot. Questa macchina ha causato almeno sei incidenti tra il 1985 e il 1987, provocando la morte di tre dei sei pazienti coinvolti. La commissione d'inchiesta ha accertato che la morte era stata causata dalla somministrazione erronea di una dose di radiazioni cento volte più elevata di quella necessaria. Diverse erano le cause e diversi i soggetti coinvolti. Tra i primi responsabili del disastro furono identificati i programmatori che avevano predisposto l'algoritmo di controllo della macchina, realizzato così male da impedire qualunque verifica sulla sua affidabilità. Inoltre, l'algoritmo era poco loquace. In presenza di un pro-

[11] Nourbakhsh, *Robot Futures* cit., pp. 102-103.

blema – dal più banale al più grave – faceva comparire su uno schermo semplicemente l'avviso MALFUNZIONAMENTO, seguito da un numerino che nelle (pie) intenzioni di chi aveva scritto il codice avrebbe dovuto sollecitare l'operatore a recarsi in un armadio e tirar fuori un voluminoso manuale per identificare il tipo di errore. Il personale della ditta che ha costruito Therac 25 era molto fiducioso nel funzionamento della macchina. Questo ottimismo contagiò presto il personale medico. Il risultato, disastroso, fu che gli operatori iniziarono presto ad ignorare la segnalazione di errore. Anche perché era semplicissimo cancellare l'allarme: bastava pigiare un semplice tasto per poter riprendere a friggere il pover'uomo esposto alle radiazioni...

5. *Non è stata colpa mia, era lui a trovarsi esattamente sul bersaglio*

Cattiva progettazione del software, controlli insufficienti, scadente preparazione del personale sono possibili anche oggi? Pensiamo ad un drone programmato per uccidere in modo automatico[12]. Questi killer fanno tutto da sé: inquadrano il terreno con le loro telecamere, controllano con un opportuno algoritmo se il tipo con la barba che hanno inquadrato è proprio il loro bersaglio. Quindi sparano. Raccontata così sembra una di quelle azioni cosiddette "chirurgiche" di cui si sente sempre più spesso parlare in tempo di guerra. Ma qualunque esperto di robotica inorridisce[13]: gli algoritmi di riconoscimento visivo sono ancora talmente "miopi" da rendere molto probabili i "falsi positivi", per esempio scambiare per un pericoloso terrorista un poster con la foto di Osama Bin Laden. Così magari qualcuno cui non siamo simpatici lo attacca alla nostra porta di casa e fa un fischio a un drone di passaggio.

[12] P. Finn, *A future for drones: Automated killing*, in "The Washington Post", 20 settembre 2011.

[13] Nourbakhsh, *Robot Futures* cit., pp. 102-104.

Allora, chi paga per l'errore di un drone? Durante una cerimonia nuziale in Afghanistan uno dei partecipanti ha avuto la pessima idea di sparare in aria in segno di gioia provocando così la reazione di un drone americano che ha compiuto una strage. Sempre in Afghanistan un'azione legale contro il Regno Unito è stata intrapresa dalla famiglia di Hajii Abdullah, 56 anni, e di suo figlio diciottenne Habibullah, entrambi uccisi "per sbaglio" da un drone britannico mentre si recavano al lavoro in trattore. Chi paga? Chi controlla i droni si trova a migliaia di chilometri di distanza e percepisce la situazione solo attraverso un'analisi effettuata da un software. Inoltre il drone, per garantire migliore velocità di reazione, gode di vari gradi di autonomia: può essere guidato in vari momenti, da un solo militare, da una squadra intera sotto comando gerarchico, oppure può essere posto sotto il controllo di un computer che valuta secondo per secondo minacce, velocità, direzione ecc., magari utilizzando un software che è bacato. Chi è il responsabile della morte di Habibullah?

Qualcuno può pensare che casi come quelli di Therac 25 o dei droni dal grilletto facile siano un po' estremi: in fondo non viviamo in Afghanistan, e la macchina per radioterapia ha causato sì guai, ma trent'anni fa o giù di lì. Roba da dinosauri. Oggi – potrebbe venire da pensare – una cosa del genere non può certamente accadere: la tecnologia è super sicura, e quindi perché preoccuparsi di improbabili conseguenze legali derivanti da improbabili grane? Ma siamo veramente al sicuro?

KISS non vuol dire bacio, ma è l'acronimo di *Keep It Simple, Stupid* (rimani sul semplice, stupido), una norma che ha ispirato i progettisti della Marina militare statunitense negli anni Sessanta. La frase richiama un principio formulato nel XIV secolo dal filosofo inglese Guglielmo di Occam, noto come "il Rasoio di Occam": "Entia non sunt multiplicanda praeter necessitatem" (non moltiplicare gli elementi più del necessario). Via via che un sistema diventa maggiormente complesso, è fatalmente più soggetto a grane. Non è una nuova formulazione della legge di Murphy: "se qualcosa può andar male, lo farà". È la semplice constatazione che, ad esempio, se un cellulare una volta serviva solo per telefonare e oggi, forse, anche per cucinare la pasta, vuol dire che nello stesso volume – o magari più piccolo – abbiamo infilato sempre più funzioni, più elettronica, più algoritmi con consumi elettrici sempre maggiori. Quindi, inevitabilmente, abbiamo aumentato la varietà dei possibili guasti, anche disastrosi come l'esplosione della batteria, forse stufa di alimentare insulse conversazioni tra smartphone degni di uno 007.

Che le cose inanimate siano dispettose – diciamocelo francamente – in cuor nostro lo sappiamo: la fotocopiatrice si guasta proprio quando abbiamo una fretta matta, il computer si blocca il venerdì pomeriggio appena il tecnico informatico ci ha salutato augurandoci un buon fine settimana. Già nel 1948 il saggista inglese Paul Jennings propose, con una buona dose d'ironia, di studiare l'ostilità delle cose fondando una scuola di pensiero chiamata *Resistenzialismo* – un gioco di parole tra la parola latina *res*, il verbo *resistere* e l'esistenzialismo di Sartre – avente come motto: *Les choses sont contre nous*.

I guasti sono spesso piccoli, maligni, tignosi, nascosti ma perfidamente efficaci. Comparvero subito all'alba della rivoluzione industriale – appena la tecnologia sposò la complessità – tant'è che il geniale inventore Thomas Alva Edison, padre della lampadina ad incandescenza, già nel 1878 usava la parola-simbolo per alludervi: *bug*, pulce, sembra essere stata coniata dai telegrafisti spesso costretti ad utilizzare uno dei primi ritrovati della tecnologia moderna in condizioni igieniche precarie. Si capì alla svelta che più la tecnologia è complessa più s'infesta facilmente di pulci[14]. Ce ne sono di grandi, grosse, e letali, come l'iceberg che arrestò la corsa del supersicuro e supertecnologico Titanic nel 1912. O virtuali,

[14] E. Tenner, *Why Things Bite Back: Technology and the Revenge of Unintended Consequences*, Vintage Books, New York 1997 (trad. it., *Perché le cose si ribellano. Le conseguenze inattese (e spiacevoli) della tecnologia*, Rizzoli, Milano 2001).

ma sempre superpestifere, come la pulce informatica che nel 1997 bloccò ignominiosamente in mezzo al mare l'incrociatore Yorktown – 9800 tonnellate di acciaio – con i motori da 60 mega-Watt muti. Muti come le centinaia di marinai e ufficiali, che solo dopo alcune ore di deriva nell'oceano si accorsero che uno di loro aveva sbadatamente battuto uno "zero" sulla tastiera del cervellone elettronico che soprintendeva a tutte le funzioni della nave. Ed ecco la pulce: il computer ha tentato di dividere un altro numero per questo innocuo zero. Sfortunatamente, ciò dà luogo a una quantità incalcolabile, ovvero "infinita": il computer, ligio al suo compito, tenta ugualmente di computarla e rimane piantato lì, a tentare di capire quando arriverà in fondo, presumibilmente insieme a tutta la nave[15].

Se i marinai della Marina statunitense, come i nostri Carabinieri, sono "usi ad obbedir tacendo" e hanno affrontato con virile compostezza la vile aggressione della pulce informatica, altri soggetti si sono rivelati meno flemmatici. Nell'agosto del 2013 il NASDAQ – il mercato azionario che, per ironia della sorte, tratta la compravendita delle azioni delle società ad alta tecnologia – è stato paralizzato per più di tre ore da una pulce informatica ben celata all'interno degli algoritmi che gestiscono quasi integralmente le contrattazioni. Di questi capitomboli che nel 2012 hanno coinvolto anche Facebook nel giorno del collocamento delle sue azioni e portato al fallimento gruppi finanziari abbiamo già parlato. Qui ci interessa solo aggiungere che, di fronte alle numerose proposte giunte alla Borsa americana per migliorare il suo sistema informatico, uno dei responsabili ha dichiarato che non c'era alcuna intenzione di assumere nuovi esperti in tecnologia, ma caso mai buoni vecchi avvocati. Par di capire che a Wall Street pensano che sia ormai pressoché impossibile eliminare i pasticci combinati dai robot – qualunque somma uno intenda investire in questa direzione – ed è invece più economico dirimere le liti giudiziarie che ne derivano.

[15] *Sunk by Windows NT*, in "Wired", 24 luglio 1998.

6. *Veramente, ci avevo pensato prima io...*

Gli avvocati stanno trovando clienti anche in un mondo che sembrava estraneo alle beghe da cortile, quello dell'*Open Source*, ovvero quell'ampia comunità di sviluppatori di software distribuita ai quattro angoli del pianeta che crea e mette gratuitamente a disposizione applicazioni per computer. L'esempio più noto è quello che ha permesso lo sviluppo del sistema operativo Linux, quello del pinguino. Affidabile e gratuito. Ma qui più che di pulce si dovrebbe parlare di tarlo, che ha un nome e un cognome: la proprietà intellettuale di ciò che è stato realizzato. E la presenza del tarlo è stata rivelata proprio da chi continua a migliorare Linux[16].

Il problema è sempre il solito: più una cosa è complessa più fa emergere grane. E il software *Open Source* non è un'eccezione. I progetti stanno diventando sempre più ambiziosi, i gruppi di lavoro più estesi e le trattative per chiarire gli aspetti legali più intricate. E quindi più costose in un mondo in cui – per definizione e ideali – di soldi non ne girano tanti. Due sono le soluzioni proposte dalla Linux Foundation. La prima suggerisce di affidare le trattative ad avvocati in grado di comprendere sia la tecnologia sia lo spirito che anima le collaborazioni del mondo *Open Source*. La seconda di promuovere licenze dal formato quanto più standard possibile in modo da facilitarne l'integrazione in accordi che coinvolgono molte parti.

Su quest'ultimo fronte si sono mosse organizzazioni prive di lucro come Creative Commons, fondata nel 2001 allo scopo di condividere pubblicamente in modo legale opere dell'ingegno e cercare una terza via tra il copyright, in cui tutti i diritti sono riservati, e il cosiddetto "pubblico dominio" dove si rinuncia in partenza a vantarne. Lo strumento che è stato definito è una licenza flessibile con poche clausole che garantiscono la protezione più o meno estesa dei diritti. La Camera dei deputati

[16] L. Essers, *Open source needs more tech-savvy lawyers, Linux Foundation says*, in "PCWorld", 22 ottobre 2013.

e diversi ministeri, il settimanale "Internazionale" e quotidiani come "La Stampa" e "Il Fatto Quotidiano" danno accesso ai loro documenti tramite licenze Creative Commons. Se Creative Commons tutela almeno in parte i diritti d'autore, la Free Software Foundation, fondata nel 1985, ha invece come obiettivo dichiarato quello di eliminare il bisogno di utilizzare software commerciale e favorisce lo sviluppo di software libero. La sua licenza, denominata *General Public License*, ha sempre avuto grande diffusione tra i gruppi che sviluppano software libero e assicura all'utente libertà di utilizzo, copia, modifica e distribuzione del software. Solo per far capire che tipo sia Richard Stallman, il fondatore della Free Software Foundation, basta ricordare la clausola da lui denominata *Liberty or Death*, libertà o morte, inclusa nella sua licenza che vieta integralmente la distribuzione del software in presenza di una pur minima restrizione sulla sua libera distribuzione.

Creative Commons e Free Software Foundation hanno entrambe il merito di proporre licenze in formati standard e di uso relativamente semplice in modo da garantire accordi chiari e veloci. Ma il tarlo della proprietà intellettuale è un osso duro e a forza di scavare arriva in punti impensabili. Avete mai pensato che a qualcuno possa venire in mente di brevettare la formula con cui un qualunque scolaretto calcola l'area del cerchio sapendo il suo raggio? Ovviamente no, e in effetti non siamo ancora a questo punto[17], ma a qualcuno sembrano essere entrati diversi grilli in testa tanto da sostenere che gli algoritmi – formule matematiche – siano brevettabili.

I primi tentativi in questo senso risalgono a più di quarant'anni fa, ovvero alla preistoria dell'era digitale, negli Stati Uniti. Queste iniziative non hanno convinto i giudici della Corte Suprema, che le hanno bocciate tra il 1972 e il 1981.

[17] Ci sono stati esempi vicini a questo limite, come il brevetto statunitense US4022227 A, "Tecniche meccaniche per occultare la calvizie incipiente", che attribuisce a Frank J. Smith e a suo figlio Donald la proprietà intellettuale del riporto.

Spesso la Corte ha stabilito che un algoritmo deve essere assimilato a una legge di natura o a un principio scientifico, scoperte che tradizionalmente non sono considerate brevettabili. Vi immaginate la formula di Einstein $E = mc^2$ brevettata? Ma il problema si è ripresentato nel 1990, quando una Corte di Appello ha emesso alcune sentenze favorevoli ai brevettatori di formule che hanno sprofondato l'industria del software in una serie infinita di zuffe giudiziarie, costate all'economia americana nel solo 2011 quasi 30 miliardi di dollari. La confusione che ne è derivata ha costretto la Corte Suprema a riprendere in esame la materia e la porterà nel 2014 a riaffermare, molto probabilmente, che le formule non possono essere brevettate[18].

Una decisione che non sarà presa a cuor leggero perché renderà nulli gli innumerevoli brevetti che tutelano le industrie che producono software: pensiamo solamente all'enorme giro d'affari dei giochi e dei sistemi operativi come Windows e Apple. Molti imprenditori, al grido di "chi tace acconsente!", stanno già puntando il dito contro i giudici, rei – secondo loro – di aver assecondato l'andazzo degli ultimi trent'anni con il loro silenzio. D'altra parte, né i giudici della Corte possono rinnegare le decisioni prese in passato né queste ultime possono essere aggirate da altre corti di Giustizia. Il caso è chiaramente un vespaio.

Curiosamente, il suggerimento spesso dato a chi intende brevettare un algoritmo è quello di eliminare dalla domanda la parola stessa – troppo urticante – e sostituirla con termini più vaghi come "sistema". Secondo Google e Facebook, questi e altri espedienti rendono molti brevetti poco definiti e quindi soggetti a dispute legali, oppure "computerizzano" semplicemente idee non brevettabili. Quest'ultima accusa non è una questione di lana caprina: è più semplice – e legalmente meno costoso – dire che qualcosa non è brevettabile,

[18] T.B. Lee, *The Supreme Court could abolish software patents next year. Here's why it should*, in "The Washington Post", 6 dicembre 2013.

piuttosto che dimostrare che viola altri brevetti. D'altra parte se Google chiede maggiore severità, l'IBM, che è sul mercato da più tempo e vanta quindi maggiore esperienza legale in merito, risponde che essere più stringenti potrebbe limitare l'innovazione.

Il software per computer è stata l'area che ha visto aumentare più velocemente il numero di brevetti tra il 1980 e il 2005. Certamente il problema esiste: negli Stati Uniti ci sono aziende che sono riuscite a brevettare semplici soluzioni informatiche e si sono poi specializzate in cause temerarie; nel 2012 dieci di esse si sono rese protagoniste del 12% delle 5600 cause intentate per infrazione di brevetto, cercando di dimostrare che avevano "inventato" tecnologie in realtà di uso comune, come lo shopping online o la tracciatura su internet della consegna di un pacco o di una lettera. Alcune di queste cause si trascinano da vari anni con esiti alterni a seconda della corte coinvolta, il che invita ad aumentare l'azzardo nell'intentare causa.

A seguire: due provocazioni intellettuali

11. Un computer può intuire?

Un presentimento?
Mio cugino una volta ha avuto
un presentimento. Si è sentito che l'aereo
che avrebbe preso sarebbe caduto,
e così ha preso il treno.
E indovinate un po'?
Quell'aereo è davvero caduto.
È caduto sul treno.

Sherman Hemsley, *I Jefferson*

Vedo già le teste di chi legge ondeggiare gravemente da destra a sinistra, con consapevole autorevolezza.

Chi scrive è convinto che la risposta sia "sì". E mi piacerebbe, in queste pagine, gettare un seme di dubbio nelle menti di chi è fermamente convinto del contrario.

È bene specificarlo: quella che verrà esposta è una convinzione personale. Pur se corroborata da un esempio numerico concreto, non ha nessun valore scientifico.

1. *Quando l'ignoranza fa bene*

Nel 1995, il neuroscienziato Gerd Gigerenzer pose a un gruppo di studenti tedeschi una domanda molto facile: ha più abitanti la città di Detroit o quella di Milwaukee? Il 100% degli studenti, in modo teutonicamente corretto, rispose "Detroit".

La stessa domanda, Gigerenzer la pose a un gruppo di americani di pari età. E qui c'è la sorpresa: circa il 40% degli studenti a stelle e strisce dette la risposta sbagliata. Per un numero di persone non troppo lontane dalla metà, la città con il maggior numero di abitanti era Milwaukee.

Sarebbe facile dire, a questo punto, che gli studenti americani erano più ignoranti dei loro corrispondenti tedeschi, vero? Tutto il contrario.

In realtà, quando fu loro richiesto di descrivere le due città, gli statunitensi diedero di ognuna un gran numero di informazioni – dalla posizione geografica al nome delle squadre locali di basket. Gli studenti tedeschi, invece, sapevano pochissime cose di Detroit, e molti di loro ignoravano addirittura che esistesse una cittadina di nome Milwaukee. Grazie a questa parziale ignoranza, furono in grado di dare la risposta giusta quasi all'unisono, semplicemente sostituendo la domanda originale "Quale città ha più abitanti?" con una più semplice, alla quale sapevano rispondere in modo immediato: "Di quale città conosco più cose?". Una domanda alla quale si risponde senza alcun bisogno di pensare o di elaborare informazioni; in altri termini, una domanda a cui si risponde in modo intuitivo.

2. *Che cosa significa rispondere in modo intuitivo?*

Secondo Gigerenzer, gli esseri umani hanno intuizioni sulla base di linee-guida di tipo euristico. In poche parole, queste linee-guida si basano in gran parte su due semplici concetti: quando mi viene fornito un elemento, io posso avere una intuizione se

1) riconosco l'elemento di cui si parla

2) sono in grado di associare l'elemento di cui si parla a una o più azioni.

In particolare, rispondere a una domanda quantitativa intuitivamente coinvolge, secondo gli psicologi cognitivi Daniel Kahneman e Amos Tversky, la seguente catena di eventi:

1) ascolto la domanda

2) se non so rispondere alla domanda per esperienza diret-

ta, sostituisco la domanda originale con una seconda domanda più semplice, che ritengo essere collegata alla domanda originale

3) rispondo per esperienza diretta alla domanda più semplice

4) assumo automaticamente che tale risposta sia anche la risposta alla domanda originale.

Kahneman e Tversky riportano vari esempi di questo comportamento. Alla domanda "Quanti soldi daresti per salvare le specie animali in pericolo?", noi tipicamente sostituiamo la domanda "Quanta emozione provo quando penso a un delfino morente?"; alla domanda "Quanti anni in carcere dovrebbero passare i consulenti finanziari che depredano gli anziani?", non vado a cercare il manuale di diritto, ma penso "Quanta rabbia provo nei confronti di questi stronzi?".

Torniamo ora al nostro computer. È possibile far sì che un calcolatore possa rispondere in modo intuitivo a una domanda? Ricordandoci che il nostro oggetto può rispondere solo se può computare, possiamo provare a programmare dentro il computer questa sequenza di ordini:

1) ascolta la domanda

2) se non sai calcolare la risposta alla domanda, sostituisci la domanda originale con una seconda domanda di cui puoi calcolare la risposta (il programmatore ti fornirà un ventaglio di opzioni), che ritieni essere collegata alla domanda originale

3) rispondi per esperienza diretta alla domanda più semplice

4) assumi automaticamente che tale risposta sia anche la risposta alla domanda originale.

In altri termini, sostituisco la domanda "conosci la risposta?" con la domanda "lo puoi calcolare? Sai associare un numero alla domanda che ti ho fatto?".

Questo problema sembra apparentemente insormontabile per un computer isolato, se esposto in questo modo. Fortunatamente, abbiamo un piccolo aiuto. Si chiama internet.

Partiamo con un esempio semplice: io chiedo al mio sistema

quale città ha più abitanti, se Detroit o Milwaukee, assumendo di non sapere niente riguardo a queste due città. Provo a risolvere il problema in questa maniera: dò a Google la parola "Detroit" e conto il numero di siti che vengono trovati. Faccio quindi la stessa cosa con Milwaukee. Applico poi la seguente linea-guida: la città con il maggior numero di abitanti è quella per la quale otterrò il *maggior numero di risultati*.

Facciamo la prova. Detroit mostra circa 103 milioni di risultati. Milwaukee circa 54 milioni. Ho la risposta: Detroit. Ed è la risposta giusta.

Quindi, un descrittore ragionevole per il numero di abitanti di una città potrebbe essere "il numero di risultati mostrati da Google". È un descrittore ragionevole? La maggior parte delle volte, sì. Ma non sempre.

Faccio lo stesso esperimento con due città tedesche, Heidelberg e Bielefeld. Heidelberg mi dà circa 26 milioni di risultati, Bielefeld circa 20 milioni. Ho la risposta: Heidelberg. È corretta? No. In realtà, Bielefeld ha tre volte più abitanti di Heidelberg.

Perché ho scelto due città tedesche? Qualcuno di voi, probabilmente, lo ha già capito. In un esperimento di controllo successivo a quello di cui si parlava, Gigerenzer fece al gruppo di studenti tedeschi esattamente la stessa domanda, riguardante due città tedesche, per vedere se applicavano la stessa euristica dei loro colleghi americani. Cosa che capitò puntualmente: circa il 35% degli studenti dette la risposta sbagliata, e disse "Heidelberg".

Il punto curioso qui, a mio avviso, è che un descrittore semplice come quello sopra accennato è in grado di riprodurre il comportamento di un essere umano: non solo avere una intuizione (ovvero rispondere a una domanda non esplicitamente, bensì tramite l'osservazione di una quantità computabile ritenuta ad essa correlata), ma anche avere un'intuizione *sbagliata*.

In un ipotetico test di Turing, il nostro computer passerebbe indenne domande del genere.

3. *Un passo oltre: migliorare l'intuizione*

Proviamo a raffinare la nostra intuizione, e a capire che cosa è andato storto.

In questo caso, probabilmente, la risposta sbagliata viene dalla natura diversa delle due città: Heidelberg è una città di importanza storica, sede di una università prestigiosa, mentre Bielefeld è una città industriale. A parziale conferma di questa intuizione (tutta umana, tranquilli), dopo varie prove, trovo che il lessema parziale più comune che appare nei documenti che citano Heidelberg è "histor*" (History, historical, e così via). E Bielefeld, effettivamente, è associata più comunemente al lessema "Industr*".

A questo punto, mi chiedo: quanto sono importanti questi termini, sulla rete? Presto detto. "Industry" fornisce circa 500 milioni di risultati; "History" poco più di un miliardo. È quindi ipotizzabile che in rete ci siano molti più documenti che parlano di storia che non di industria. Faccio allora la seguente ipotesi: siccome è più probabile che in rete si parli più di storia che di industria, allora il numero di volte in cui si parla di Heidelberg sarà "gonfiato" rispetto al numero di volte in cui si parla di Bielefeld proprio a causa di questo aspetto.

Per avere una stima più corretta, posso provare a *normalizzare*: ovvero, dividere il numero di citazioni della città per il numero delle volte in cui compare (da sola) la parola che è maggiormente associata a quella città. Dividerò quindi N(Heidelberg) per N(History), mentre N(Bielefeld) verrà diviso per N(Industry). Il risultato? Per Heidelberg, 0,026. Per Bielefeld, 0,040. Ma guarda un po'...

Insomma, il nocciolo della questione è che, usando un gran numero di dati, una intuizione iniziale, a livello informatico, può essere raffinata pur nella più assoluta ignoranza della materia in questione. Faccio notare questo: non ho mai guardato *il contenuto* dei siti che cercavo con il motore di ricerca, ma solo *quanti* siti contenenti quei dati termini comparivano in rete.

4. *Sì, ma a cosa serve tutto questo?*

L'essere umano usa l'intuizione per risparmiare tempo. Se, tutte le volte che ci chiediamo se stiamo covando un'influenza, telefonassimo al medico per farci spiegare i sintomi del virus che va di moda quest'anno, o cose del genere, la nostra vita sarebbe drammatica. Molto spesso, quindi, rispondiamo in maniera intuitiva per risparmiare tempo; ne vengono fuori, a seconda della situazione, pensate geniali e cantonate imbarazzanti. A volte, le risposte dettate dall'intuizione sono semplicemente risposte da ignoranti, e ci fanno fare errori colossali. Altre volte, collegando tra loro due elementi che non hanno nessun motivo di esserlo sulla base del calcolo razionale, riconosciamo correttamente un possibile pericolo. E, agendo di conseguenza, possiamo fare bene o male.

Uno dei lutti sportivi più vivi nella generazione dei miei genitori è la prematura scomparsa di Fausto Coppi. Coppi morì dopo aver partecipato a una gara ciclistica ad Ouagadougou, in Alto Volta, insieme a Raphaël Geminiani, con il quale condivise la stanza nei giorni delle prove. Al ritorno in patria il campionissimo fu colpito da una violentissima febbre e ricoverato in ospedale, dove alcuni illustri accademici (come il professor Fieschi dell'Università di Genova) gli diagnosticarono una forma influenzale particolarmente violenta, curata con antibiotici e cortisonici. Purtroppo, la diagnosi era sbagliata.

Durante il soggiorno in Africa Coppi aveva contratto la stessa malattia che aveva colpito il compagno di stanza Geminiani, il quale al ritorno in patria accusò esattamente gli stessi sintomi. A differenza di Coppi, però, Geminiani venne visitato da un dottore di paese, il dottor Mora, il quale riconobbe di non essere in grado di fare una diagnosi: basandosi sul fatto che Geminiani era stato da poco in Africa, Mora chiese consiglio al dottor Bruggière, esperto di malattie coloniali e tifoso di ciclismo, il quale ordinò un esame del sangue. Nel sangue del francese, come previsto da Bruggière, venne rinvenuto il *Plasmodium Falciparium*: si trattava dunque di malaria. Geminiani, grazie alla somministrazione di chinino, guarì. Fausto Coppi, invece, morì il 2 gennaio 1960.

Mi immagino che un sistema informatico capace di intuizione sarebbe in grado di fornire possibili diagnosi mediche quando il medico in carne e camice non ci capisce nulla; al tempo stesso, visto che in rete si parla molto più di AIDS che di influenza, non raccomanderei mai di fidarsi della diagnosi di un computer quando i sintomi sono "febbriciattola, debolezza diffusa, ghiandole gonfie".

La cosa è meno lontana dalla realtà di quanto potrebbe sembrare: fin dall'inizio del 2000, in più di quaranta Paesi esotici (e non) è in funzione GIDEON, un programma di diagnostica differenziale specializzato in malattie tropicali. Il programma è basato su un trattamento statistico di tipo bayesiano che utilizza come input i sintomi, il Paese di provenienza del paziente, i test clinici e il periodo di incubazione, fornendo una lista ordinata di malattie tropicali (dalla più alla meno probabile). In un test cieco effettuato su 495 pazienti, il programma ha inserito nell'elenco delle diagnosi in uscita la malattia corretta nel 92% dei casi (in termini tecnici, si parla di una sensibilità del 92%) e nel 75% dei casi l'ha collocata al primo posto nella sfigatissima classifica: ovvero, una specificità del 75%.

Sono fermamente convinto che un sistema del genere, necessariamente accoppiato a un medico umano, potrebbe aiutare in tutti quei casi in cui la malattia viene "mancata", ovvero i casi in cui la malattia sarebbe facilmente diagnosticabile da parte di un medico esperto del settore, ma impossibile da immaginarsi per il medico di famiglia; il quale, però, avendo un intelletto umano, una volta messo di fronte a diverse possibilità sarà in grado di ragionare su di un elenco ristretto di ipotesi, di prescrivere ulteriori test, di fare una visita mirata al paziente e magari riuscire a salvargli la vita...

12. Un computer può essere cosciente?

Uccidere un uomo? No, no.
Io potrei uccidere solo una
qualsiasi forma di vita priva
di coscienza: formiche, datteri,
assicuratori...

Woody Allen

I meno giovani ricorderanno un film di Alberto Sordi girato nel 1980, *Io e Caterina*. Caterina è un'instancabile cameriera-robot che Enrico Menotti, ricco uomo d'affari diviso tra moglie e amante, conosce in casa di un amico trasferitosi negli Stati Uniti. Al ritorno in Italia Enrico, deciso a rimettere ordine nella sua vita, va a vivere da solo e affida a una gemella di Caterina la cura delle faccende di casa. All'inizio tutto sembra filare liscio, finché Menotti non invita a casa la sua nuova compagna Elisabetta. Gli esiti sono disastrosi: Caterina in preda a una tremenda crisi di gelosia distrugge la casa, facendo scappare la povera Elisabetta a gambe levate.

È possibile che in futuro i robot si "umanizzino" e che emergano alcune caratteristiche tipiche dell'uomo, dalla capacità di apprendere – comune a tante specie animali –, fino alla comparsa della mente, ovvero l'insieme delle attività superiori del nostro cervello di cui siamo coscienti, quali la creatività, gli istinti, le emozioni e i sogni?

Come vedremo nel corso di questo capitolo c'è ancora molta strada da percorrere, ma qualche passo è stato già fatto: un gruppo di ricercatori della Scuola di Ingegneria e Scienze Applicate dell'Università di Harvard ha appena messo a punto un transistor "sinaptico" che apprende mentre esegue dei calcoli. È un esempio di circuito biologico artificiale che cerca di riprodurre alcune caratteristiche del nostro cervello. Tra queste, la più affascinante è certamente la capacità di far emergere una coscienza. I tentativi di sviluppare forme di intelligenza artificiale sono innumerevoli. Tra questi, una delle linee di ricerca più promettenti è il *Soft Computing*. Chi se ne occupa sviluppa modelli matematici di interconnessione ispirati alla struttura del cervello, detti *reti neuronali*, e algoritmi in grado di apprendere dai propri errori, detti *evoluzionari*, che si ispirano alle teorie di Darwin e utilizzano concetti come ereditarietà, mutazione genetica e selezione.

Quindi ci siamo? Tra un po' avremo costruito un qualche marchingegno animato da un software infarcito di algoritmi, e verrà fuori uno di noi, o almeno indistinguibile da noi? Una macchina che, sottoposta a un test di Turing, ci farà concludere che *sì*, è proprio un essere umano quello che sta rispondendo alle nostre domande?

1. *Cartesio, gli zombi e i mulini di Leibniz*

Cartesio non la pensava così. Nelle sue argomentazioni sulla metafisica il filosofo francese concludeva che materia e coscienza sono cose distinte, la *res extensa* e la *res cogitans*, un dualismo perfetto. Mettendo insieme rotelle, circuiti e algoritmi al massimo si ottiene quello che i filosofi odierni chiamano uno *zombie*, un'entità priva di qualunque forma di intelligenza.

Diverso il punto di vista di Leibniz, il matematico e filosofo tedesco vissuto a cavallo tra il XVII e il XVIII secolo. Nel tentativo di eliminare l'irriducibilità tra materia e coscienza proposta da Cartesio, Leibniz immaginò che esistessero delle unità ultime e indivisibili, dette *monadi*, che costituiscono tutte le sostanze note. Le monadi non possono essere influenzate da fattori esterni, quindi sono indipendenti, e racchiudono in sé in vario grado entrambi gli aspetti, materiale e spirituale, passando dall'estremo della monade inanimata di un granello di sabbia alla monade dominante dell'anima umana caratterizzata dal pensiero intellettuale. A nessuno è capitato di avere a che fare con una monade. Per rendere meno astratto il suo punto di vista, Leibniz propose un esperimento ideale – una visita all'interno di un mulino –, discusso nella proposizione n. 17 della *Monadologia*:

> D'altra parte si deve riconoscere che la *percezione*, e quel che ne dipende, è *inesplicabile mediante ragioni meccaniche*, cioè mediante le figure e i movimenti. Immaginiamo una macchina strutturata in modo tale che sia capace di pensare, di sentire, di avere percezioni; supponiamola ora ingrandita, con le stesse proporzioni, in modo che vi si possa entrare come in un mulino. Fatto ciò, visitando la macchina al suo interno, troveremo sempre e soltanto pezzi che si spingono a vicenda, ma nulla che sia in grado di spiegare una percezione. Quindi la [ragione della] percezione va cercata nella sostanza semplice, non già nel Composto, cioè nella macchina. Così, è unicamente nella sostanza semplice che si possono trovare le percezioni e i loro mutamenti: solo in ciò, quindi, possono consistere tutte le azioni interne delle sostanze semplici[1].

Così, secondo Leibniz, la coscienza è distribuita all'interno delle varie parti elementari, le monadi, che costituiscono l'insieme. E precisa che non può essere cercata nelle loro interazioni meccaniche. Quindi, il filosofo tedesco, oltre ad avversare il dualismo cartesiano, manifesta attraverso l'immagine del mulino una critica anche al materialismo che riduce la coscienza dell'uomo a un semplice processo fisico. Leibniz riesce a non prestare il fianco a una domanda spinosa rivolta a Cartesio: qual è il punto di incontro di mente e corpo? Per spiegarlo, il filosofo francese chiamò in causa la ghiandola pineale, l'epifisi, una piccola struttura al centro del cervello.

[1] G.W. Leibniz, *Monadologia*, a cura di S. Cariati, Bompiani, Milano 2001, p. 65.

Un'idea che non convinse molte persone neanche nel Seicento.

Dov'è nascosta l'intelligenza? Secondo Leibniz va scovata nella possibilità di eseguire calcoli simbolici. È un'ipotesi facilmente criticabile[2] ma di grande fascino, perché non prevede la presenza di un cervello e quindi permette di qualificare come intelligente anche un computer. Alcuni studiosi pensano che Leibniz abbia intuito la possibilità di sviluppare forme d'intelligenza artificiale, una tesi abbastanza dibattuta. Sicuramente però, come i moderni scienziati cognitivi, ha colto il legame tra linguaggio e operazioni della mente. Il sogno di Leibniz era ridurre ogni ragionamento a un calcolo da affidare a un calcolatore (il *calculus ratiocinator*) e che questo, manipolando simboli, potesse stabilire se un'affermazione è vera o falsa[3].

L'idea non era del tutto nuova. L'aveva già proposta tempo addietro un altro filosofo, Thomas Hobbes. Il progetto di Leibniz era molto ambizioso e prendeva in considerazione entrambi gli aspetti fondamentali di un moderno computer – il software e l'hardware – nell'intento di interpretare il pensiero umano in termini di opportuni algoritmi e comprendere se era possibile farli eseguire a una macchina. Da un lato, si pose il problema di costruire sia un alfabeto del pensiero umano dotato di opportuni simboli, sia una sintassi, un insieme di regole (algoritmi) per combinarli: insomma, un linguaggio. Dall'altro, arrivò a realizzare una macchina in grado di eseguire non solo somme e sottrazioni, come quella progettata da Blaise Pascal pochi anni prima, ma anche moltiplicazioni e divisioni sfruttando un ingegnoso meccanismo, detto *ruota di Leibniz*, ancora usato alla metà del secolo scorso.

Se a qualcuno questa prossimità tra linguaggio e intel-

[2] L. Floridi, *Philosophy and Computing: An Introduction*, Routledge, London 1999, p. 133.

[3] M. Davis, *Il calcolatore universale*, Adelphi, Milano 2003.

ligenza ricorda qualcosa, non si stupisca. Ne abbiamo già parlato a proposito del test di Turing dove il linguaggio è utilizzato, in forma di domande e risposte, per valutare se dietro la porta c'è un computer o un essere umano. Tra l'altro, il test di Turing applica una variante della cosiddetta Legge di Leibniz, ovvero il principio di identità degli indiscernibili[4]: le cose delle quali l'una può essere sostituita dall'altra mantenendone intatta la verità, sono le stesse. Ovvero, se un computer supera il test di Turing deve considerarsi in tutto e per tutto indistinguibile da un uomo.

2. *Certezze che vacillano*

Turing raggiunse la conclusione che il sogno di Leibniz in linea generale era destinato a rimanere tale[5]. Il matematico britannico era a conoscenza della sfida lanciata da David Hilbert, un suo illustre collega tedesco, che durante un Congresso Internazionale di Matematica tenuto a Parigi nell'agosto del 1900 aveva presentato una lista di ventitré problemi matematici fino allora irrisolti. Turing si era interessato in particolare al secondo, detto "problema della decisione" (in tedesco: *Entscheidungsproblem*), che si poneva più o meno la domanda se sia possibile automatizzare una delle attività più tipiche della matematica: la dimostrazione di un teorema. In modo un po' più formale, l'*Entscheidungsproblem* si chiede se in generale esista un algoritmo in grado di provare la verità di un'affermazione a partire da determinati assiomi usando le regole della logica. Questione spinosissima, che coinvolgeva i fondamenti stessi della matematica. L'*Entscheidungsproblem* ha implicazioni anche nel campo dell'intelligenza artificiale, perché nel 1879 il matematico e filosofo tedesco Friedrich Frege, considerato il padre della logica moderna, aveva svi-

[4] Floridi, *Philosophy and Computing* cit., p. 135.
[5] Davis, *Il calcolatore universale* cit., pp. 42-64.

luppato la *Begriffsschrift*, la scrittura per concetti, un sistema di regole capace di rendere conto di tutti i ragionamenti deduttivi umani, di fatto il *calculus ratiocinator* cercato da Leibniz[6].

Dare una risposta affermativa all'*Entscheidungsproblem* avrebbe quindi fornito un solido argomento per concludere che la mente umana opera come un computer. Nel 1936 Turing e il matematico americano Alonzo Church risposero negativamente a Hilbert: non esiste *in generale* un algoritmo che, utilizzando le regole logiche di Frege, può provare se un'affermazione è vera o falsa[7]. Turing immaginò un dispositivo ideale in grado di eseguire qualunque algoritmo – oggi noto come "macchina di Turing" – e dimostrò che, in generale, non è possibile stabilire in anticipo se la macchina prima o poi giungerà a una conclusione, ovvero se riuscirà a completare l'esecuzione in un numero finito di passi. Il sogno di Leibniz non può quindi *sempre* tradursi in realtà.

Le conclusioni di Church e Turing non vietano però che ciò avvenga in casi particolari. Pochi o tanti? Abbastanza, come testimoniano i numerosi teoremi dimostrati dai matematici tramite l'uso di un computer, il primo dei quali, nel 1976, è stato quello "dei quattro colori", che prova che questo numero è sufficiente a impedire che in una mappa geografica due Stati contigui abbiano lo stesso colore.

La macchina di Turing è il prototipo ideale degli attuali computer e fu immaginata prima della loro effettiva realizzazione[8]. Nell'intento di Turing essa cercava di imitare i computer umani, ossia gli stuoli di impiegati che negli anni Trenta eseguivano manualmente calcoli[9]. Turing non poté fare a meno di domandarsi fino a quale livello potessero spingersi le macchine nell'imitazione degli esseri umani e nel 1950 scrisse

[6] Ivi, pp. 84-85.
[7] Ivi, pp. 190-192.
[8] Ivi, pp. 192-202.
[9] *Ibid.*

un celebre articolo che inizia con la domanda "le macchine possono pensare?". Nella prima parte del lavoro Turing propone il test – che da lui prende il nome – per distinguere un computer da un essere umano. In seguito si concentra sulla possibilità che una macchina intelligente sia una macchina in grado di apprendere[10]. Ricordate? È proprio ciò che fa il transistor "sinaptico" di cui abbiamo parlato all'inizio di questo capitolo: apprende mentre esegue dei calcoli. Turing ritiene che sia difficile sviluppare un algoritmo in grado di simulare la mente di un adulto; propone invece di simulare quella di un bambino per poi definire un processo educativo. Metaforicamente parla di un quaderno bianco su cui scrivere. Secondo Turing, quindi, riprodurre un uomo è un po' come creare un campione sportivo: servono sia grandi atleti, diciamo Usain Bolt o il nostro Pietro Mennea, sia grandi istruttori – che si chiamano, nel caso del giamaicano, Fitz Coleman e, per la Freccia del Sud, Carletto Vittori. Ma la situazione, probabilmente, non è così schematica: l'algoritmo che dona l'intelligenza forse non esiste.

Se il test di Turing propone un esperimento ideale in cui l'uso del linguaggio è strumento chiave per identificare forme di intelligenza artificiale, altri esperimenti ideali che coinvolgono il linguaggio sono stati immaginati per sostenere la tesi che la mente non è un computer e che i suoi processi non sono descrivibili come un algoritmo. Uno dei più celebri è quello detto della "stanza cinese", proposto dal filosofo John Searle in un articolo del 1980[11], e rielaborato in forma divulgativa qualche anno dopo:

> Si consideri una lingua che l'individuo in questione non conosce. Io, per esempio, non conosco il cinese: ai miei occhi la scrittura cinese si presenta come una serie di scarabocchi senza significato.

[10] Turing, *Computing machinery and intelligence* cit., pp. 454-460.

[11] J.R. Searle, *Minds, brains, and programs*, in "Behavioral and brain sciences", III, 1980, pp. 417-457

Supponiamo ora che io mi trovi in una stanza contenente scatole piene di ideogrammi cinesi e supponiamo che mi venga fornito un manuale di regole (scritto nella mia lingua) in base alle quali associare ideogrammi cinesi ad altri ideogrammi cinesi. Le regole specificano senza ambiguità gli ideogrammi in base alla loro forma e non richiedono che io li capisca. Le regole potrebbero essere di questo tipo: "Prendi uno scarabocchio dalla prima scatola e mettilo accanto a uno scarabocchio preso dalla seconda scatola". Supponiamo che fuori dalla stanza vi siano delle persone che capiscono il cinese e che introducano gruppetti di ideogrammi e che, in risposta, io manipoli questi ideogrammi secondo le regole del manuale e restituisca loro altri gruppetti di ideogrammi. Ora il manuale con le regole è il "programma di calcolatore", le persone che l'hanno scritto sono i "programmatori" e io sono il "calcolatore". Le scatole piene di ideogrammi sono la "base di dati", i gruppetti di ideogrammi che mi vengono forniti sono le "domande" e quelli che io restituisco sono le "risposte". Supponiamo ora che le regole del manuale siano scritte in modo tale che le mie "risposte" alle "domande" non si possano distinguere da quelle di una persona di lingua madre cinese. Per esempio, gli individui situati al di fuori della stanza mi potrebbero passare degli ideogrammi il cui significato, a me sconosciuto, sia: "Qual è il colore che preferisci?" e, seguendo le regole, io potrei restituire loro degli ideogrammi il cui significato, a me del pari sconosciuto, sia: "Il colore che preferisco è l'azzurro, ma mi piace molto anche il verde". Io supero così il test di Turing per la comprensione del cinese, eppure ignoro completamente questa lingua. E, nel sistema che ho descritto, non potrei in nessun modo giungere a capire il cinese, perché non avrei la possibilità di apprendere il significato di alcun simbolo. Come un calcolatore, io manipolo simboli, ma non annetto a questi simboli alcun significato[12].

La stanza cinese ha la struttura di un moderno computer. Ci sono un algoritmo (il manuale di regole), un processore (l'uomo) e una memoria (le scatole piene di ideogrammi).

[12] J.R. Searle, *La mente è un programma?*, in "Le Scienze", CCLIX, 1990, 3, pp. 16-21.

Secondo Searle, quanto accade nella stanza cinese prova che un computer non è intelligente nel senso a noi più familiare, perché non è in grado di associare un significato a un simbolo, ma al più può simulare le capacità cognitive dell'uomo: "Il cervello è un organo biologico specifico e le sue proprietà biochimiche specifiche gli consentono di causare la coscienza e altri tipi di fenomeni mentali. Le simulazioni al calcolatore dei processi cerebrali forniscono modelli degli aspetti formali"[13]. In sostanza Searle esclude che il calcolatore che nel 1996 ha sconfitto il campione del mondo di scacchi Gerry Kasparov sia intelligente, come pure un altro enorme computer, Watson, che l'IBM ha fatto partecipare nel 2011 a una nota trasmissione a quiz della televisione statunitense, sbaragliando i migliori concorrenti umani: sono solo varianti della stanza cinese.

Il punto di vista di Searle ha ricevuto numerose obiezioni. Ben ventisei erano già contenute in calce al suo lavoro del 1980. Ad esempio, è stato fatto notare che, anche se l'uomo nella stanza non sa nulla di cinese, tutto ciò che è nella stanza – l'uomo, il manuale e le scatole piene di ideogrammi – lo comprendono benissimo. Ma Searle, invece di demordere, parte in contropiede e assesta un nuovo colpo al cosiddetto *computazionalismo*, l'interpretazione dei processi mentali come algoritmi, ricorrendo nientepopodimeno che agli zombi, protagonisti di un nuovo esperimento ideale[14]. Searle si è probabilmente ispirato a Plutarco, che formulò il paradosso detto della "nave di Teseo".

Si narra che la nave dell'eroe greco fosse stata conservata sostituendo le parti che via via si deterioravano. Trascorsi alcuni anni, nessuno degli elementi originali era più presente, benché la nave mantenesse intatta la forma originaria. La domanda che si pose Plutarco fu: la nave è sempre la stessa

[13] *Ibid.*

[14] J.R. Searle, *The Rediscovery of the Mind*, The MIT Press, Cambridge (Mass.) 1992.

o le somiglia soltanto? Searle immagina una persona che, a causa di problemi cerebrali, sia sottoposta a vari interventi che a poco a poco sostituiscono tutti i neuroni con opportuni elementi elettronici. Che cosa accade quando anche l'ultimo neurone scompare? Searle descrive tre differenti scenari: 1) non succede nulla; 2) la coscienza svanisce, senza alterare il comportamento esteriore del soggetto; 3) il corpo si paralizza, pur rimanendo vivo. Il secondo scenario è quello dello zombie: uno zombie non sogna, non ha sentimenti, non sente nulla di fronte a un bel paesaggio, si arrampica in bicicletta sullo Stelvio più veloce di Pantani ma una volta in cima non prova la minima soddisfazione, rimane insensibile all'abbraccio di una persona. La coscienza, secondo Searle, è un fatto di natura prettamente biologica[15].

Dunque gli androidi sognano solo pecore elettriche? No, sostiene Philip Dick, autore del romanzo da cui è tratto il film *Blade Runner* diretto da Ridley Scott. La replicante Rachael si scopre infatti innamorata del poliziotto Deckard, confermando il motto "più umani degli umani" coniato dalla Tyrell – l'azienda da cui proviene.

Sembra impossibile comprendere la mente umana senza capire come funziona il cervello. Non tanto per permettere una corrispondenza di amorosi sensi tra umani e androidi o, più prosaicamente, per avere una brava domestica tuttofare come la Caterina del film interpretato da Alberto Sordi: afferrare i meccanismi che regolano quella sorta di budino che ospitiamo nella scatola cranica è vitale se si pensa anche solo alla necessità di diagnosticare quanto più in anticipo possibile malattie come il morbo di Parkinson e di Alzheimer, di migliorarne le terapie o di limitare l'uso della sperimentazione umana o animale per valutare l'efficacia di un farmaco. Così,

[15] Searle ha illustrato molto lucidamente la sua posizione al CERN di Ginevra nel maggio 2013. Il suo intervento è disponibile in rete in italiano (http://www.ted.com/talks/lang/it/john_searle_our_shared_condition_consciousness.html).

aspettando di infilare un cervello in un computer, qualcuno sta usando il computer per capire meglio come funziona il cervello. Simulandolo, ovvero cercando di tradurne il comportamento in termini di opportuni algoritmi. È quel che sta tentando di fare Human Brain Project, una collaborazione tra numerosi centri di ricerca europei con ricadute in neuroscienza, medicina e informatica.

3. *Un diverso punto di partenza*

È ormai chiaro che la discussione sul problema mente-corpo introdotta da Cartesio e Leibniz è ancora oggi vivacissima e coinvolge figure apparentemente eterogenee. Abbiamo esaminato il punto di vista di filosofi, matematici, informatici e parlato dei progressi di fisici e ingegneri. Ma che cosa ne pensano i medici, che spesso scoperchiano scatole craniche e ne osservano il contenuto fin dalle prime lezioni di anatomia? Il cervello, all'interno del quale sviluppiamo i nostri pensieri e sorge la nostra coscienza, è un oggetto minuto e fragile: pesa circa un chilo e mezzo, è fatto per tre quarti di acqua, ha la consistenza di un budino, sta nel pugno di una mano e basta una piccola lesione nella corteccia occipitale perché perda coscienza dei colori[16]. In questo pugnetto di materia si dirama una rete elettrica di circa cento miliardi di neuroni connessi da una quantità incalcolabile di sinapsi (circa diecimila a neurone), che consuma quanto una lampadina a basso consumo (più o meno 15 W), ovvero un milione di volte meno di Tianhe-2 – la "Via Lattea" –, il più veloce supercomputer del mondo realizzato in Cina, certamente meno furbo di una lumaca di mare che ospita nel suo piccolo cervello solo diecimila neuroni.

Spegniamo la nostra coscienza in modo naturale ogni sera

[16] M. Massimini, G. Tononi, *Nulla di più grande*, Baldini & Castoldi, Milano 2013.

quando ci addormentiamo, ma farlo in modo artificiale non è altrettanto semplice (a meno di sbattere distrattamente la testa contro un palo). L'anestesista prova a spegnerci la mente durante un intervento chirurgico. Di solito ci riesce, ma non sempre: circa un paziente su mille si risveglia mentre è ancora sotto i ferri[17]. Se l'interruzione volontaria della coscienza è più o meno difficile, quella involontaria, provocata da traumi, è drammatica e dagli esiti ancora oggi non completamente noti.

Fino a poco tempo fa, a causa del danno subìto, il cervello non era in grado di garantire le funzioni vitali causando rapidamente il decesso della persona. Oggi le tecniche di terapia intensiva sono enormemente progredite e permettono al corpo di sopravvivere anche senza il controllo della mente. Diventa quindi molto più frequente riuscire a protrarre la vita di una persona inizialmente in coma, parola greca che significa "sonno profondo". Il coma è transitorio, non dura all'infinito. Entro poche settimane il paziente, se non muore, riapre gli occhi. Molte sono le cose che possono accadere in quel momento: si può assistere al pieno recupero dello stato vigile – come quando ci svegliamo la mattina – oppure alla vigilanza senza coscienza, lo stato vegetativo. Ma la persona può anche tornare cosciente e, a seguito dei danni subiti dal sistema nervoso che impediscono il transito dei comandi inviati dal cervello, può farlo sapere solo battendo le palpebre. Allora si è "locked-in", chiusi dentro: coscienti ma dentro una casa con finestre molto piccole per comunicare con chi è fuori. Talvolta la casa non ha neanche le finestre e diventa davvero difficile capire se c'è qualcuno dentro.

Difficile, ma non impossibile: si è scoperto, ad esempio, che, se si parla, qualcuno dentro la casa ascolta. Nel 2005 è stato realizzato un affascinante esperimento su una giovane di ventitré anni in stato vegetativo a causa dei danni cerebrali subiti in un grave incidente stradale[18]. Adrian Owen e altri

[17] Ivi, pp. 39-45.
[18] Ivi, pp. 56-61.

neuroscienziati dell'Università di Cambridge, in Inghilterra, avevano osservato che nei soggetti sani chiedere di immaginare di compiere alcune azioni – come giocare a tennis o muoversi all'interno del proprio appartamento – attivava determinate aree del cervello. I ricercatori hanno ripetuto l'esperimento sulla giovane donna, rivolgendole le stesse domande. Con grande meraviglia hanno osservato che la ragazza collaborava immaginando le situazioni proposte, e che il suo cervello – pur danneggiato – attivava in modo volontario le medesime zone neuronali.

Incoraggiati da questo risultato, gli scienziati hanno migliorato la comunicazione con la ragazza, riuscendo a farle associare il significato di "sì" e "no" alle due immagini che la sua mente riusciva a evocare: giocare a tennis e camminare per casa. Così facendo, la ragazza riusciva a rispondere a semplici domande, quali ad esempio: "Il nome di tuo padre è Thomas?" "No", "Il nome di tuo padre è Alexander?" "Sì", "Hai fratelli?" "Sì", "Hai sorelle?" "No". Successivi esperimenti hanno poi permesso di concludere che il comportamento tenuto dalla giovane donna non è per nulla isolato, ma è osservabile in un paziente vegetativo su cinque. Secondo Owen, lo stato cosciente della ragazza è una "proprietà emergente" dell'interazione di molti "moduli" cerebrali non lesi dall'incidente. Per quanto semplice, l'esperimento richiede memoria a lungo termine per ricordare cosa sia il tennis, memoria a breve termine per ricordare la domanda, e attesta la volontà intenzionale di fornire una risposta.

L'esperimento di Owen è un buon esempio di come le neuroscienze stiano iniziando a definire il rapporto esistente tra stati mentali e cervello. Le scoperte in questo campo cominciano a diventare numerose. Ne citiamo alcune particolarmente curiose: è stato osservato che il cervello degli elettori democratici negli Stati Uniti presenta alcune differenze rispetto a quello dei repubblicani; che conoscere più lingue rende il cervello più flessibile; che improvvisare canzoni attiva porzioni del cervello che favoriscono la creatività; che con l'avanzare dell'età si è meno capaci di afferrare al volo se una persona ha un volto più o meno affidabile (gli anziani subiscono spesso truffe) e, per finire, che, osservando una zona della corteccia prefrontale, si può sapere in anticipo se preferiremmo avere l'uovo oggi o la gallina domani.

4. *Dove posso trovarlo, esattamente?*

A forza di mettere le mani nel nostro cranio, stiamo dando una mano a Leibniz a capire dove si nasconde la mente nel suo mulino-cervello. Siamo infatti in grado di affermare dove *non* è. Il nostro cervello ospita circa cento miliardi di neuroni, ripartiti tra cervelletto e sistema talamocorticale. Quest'ultimo, di dimensioni maggiori, occupa quasi tutto il cranio ed è composto dalla corteccia cerebrale e da un'altra struttura, il talamo. Il cervelletto è posto in prossimità della nuca, ha dimensioni ridotte, ma vi si concentrano quasi ottanta dei cento miliardi di neuroni a nostra disposizione. Bene, anche se può apparire sorprendente, la coscienza non risiede nel cervelletto[19].

Il modo per capirlo è decisamente cruento: basta toglierlo "e vedere l'effetto che fa", come suggeriva il cantautore (e medico) Enzo Jannacci. Rimuovere il cervelletto è possibile, ad esempio per evitare la diffusione di un tumore. Le conseguenze dell'ablazione sono rilevanti – camminare e parlare è più difficile – ma non devastanti, tant'è che non pregiudica la coscienza del paziente: le sue percezioni sensoriali e le sue emozioni sono integre. Viceversa, rimuovere o danneggiare parti del sistema talamocorticale altera l'esperienza soggettiva, ad esempio la percezione visiva del movimento. Che cosa significa? Semplice: il cervelletto è uno zombie. A lui sono affidati compiti che in fase di apprendimento hanno sì richiesto tutta la nostra attenzione, come camminare, andare in bici

[19] Ivi, pp. 67-71.

o anche semplicemente prendere un bicchiere pieno d'acqua e portarlo alla bocca, ma poi diventano comportamenti che svolgiamo, di fatto, in modo incosciente. Le persone private del cervelletto riapprendono ogni volta il gesto che compiono e lo eseguono come se fosse per la prima volta.

Da inguaribili ottimisti, vogliamo vedere il bicchiere mezzo pieno e dire che siamo a buon punto: sappiamo che la mente non alberga in un'ottantina di miliardi di neuroni sui cento a nostra disposizione. Dobbiamo quindi scovarla da qualche parte nei rimanenti venti. Da dove si comincia, o meglio, a che punto siamo nella ricerca? Prima di parlarne, vediamo cosa pensava Alan Turing di questa sorta di caccia al tesoro:

> Non voglio dare l'impressione che non ci sia alcun mistero riguardo alla coscienza. C'è, per esempio, qualcosa di paradossale connesso con qualunque tentativo di localizzarla. Ma non penso che questi misteri debbano necessariamente essere risolti prima di poter rispondere alla domanda di cui ci stiamo occupando in questo articolo [ovvero se le macchine possono pensare][20].

L'opinione di Turing, per quanto autorevole, non ha ovviamente rallentato la ricerca di come, e dove, nascano i nostri stati mentali. Il neuroscienziato Christof Koch parla dei cosiddetti "correlati neurali della coscienza", strutture neuronali di dimensioni ridotte, ma già in grado di generare percezioni coscienti come la visione di un colore[21]. Giulio Tononi, psichiatra e neuroscienziato, nella sua teoria dell'informazione integrata propone uno scenario in cui la coscienza scaturisce da due aspetti differenti, entrambi importanti: la ricchezza dell'informazione sensoria e la capacità che ha la mente di integrarla[22]. Per comprendere meglio il loro ruolo

[20] Turing, *Computing machinery and intelligence* cit., p. 447.
[21] C. Koch, *The quest for consciousness: a neurobiological approach*, Roberts & Company Publishers, Englewood (Conn.) 2004.
[22] Massimini, Tononi, *Nulla di più grande* cit., pp. 79-101.

pensiamo a una telecamera digitale. Il suo sensore è costituito da decine di milioni di fotodiodi in grado di catturare immagini ad altissima risoluzione. Nonostante la sua capacità di produrre dati in abbondanza, la telecamera non possiede alcuna forma di intelligenza. Le manca il secondo elemento: l'interconnessione tra le parti. I fotodiodi che costituiscono il suo sensore sono infatti indipendenti l'uno dall'altro, non interagiscono, non costituiscono un tutt'uno perfettamente integrato. Potremmo separarli fisicamente l'uno dall'altro e nulla cambierebbe nella qualità dell'immagine. È possibile condurre sul cervello umano un'operazione analoga, tagliando il fascio di fibre che collega i due emisferi cerebrali, ad esempio per curare gravi forme di epilessia. Nell'uomo però, a causa dell'elevato grado di interconnessione del cervello, la divisione conduce a risultati sorprendenti e paradossali: dà infatti origine a due menti distinte che convivono nello stesso cervello, a due persone inconsapevoli l'una dell'altra. Chiamiamole Emisfero Sinistro ed Emisfero Destro. Il signor Destro non sa riconoscere al tatto un cucchiaio preso con la mano sinistra, a differenza del signor Sinistro che invece riesce a farlo usando la destra[23]. I due non si manifestano in modo alternativo, che so, uno di giorno e l'altro di notte come il dottor Jekyll e mister Hyde: sono presenti contemporaneamente. Riescono, ad esempio, a controllare separatamente le mani e a disegnare due oggetti distinti simultaneamente, un'azione pressoché impossibile da compiere per una persona normale senza esercizi specifici, come quelli richiesti ai pianisti per garantire l'indipendenza delle mani.

Continuando, almeno in linea di principio, a suddividere il cervello, non viene a crearsi un sempre maggiore affollamento di molteplici personalità nel mio corpo: più semplicemente, ogni forma di intelligenza a poco a poco sparisce.

[23] Vedi ad esempio la puntata del 19/12/2013 del famoso programma di divulgazione scientifica *Superquark* condotto da Piero Angela (http://www.superquark.rai.it).

Giro girotondo, io giro intorno al mondo. Le stelle d'argento costan cinquecento. Centocinquanta e la Luna canta, il Sole rimira la Terra che gira, giro girotondo come il mappamondo...

canticchia il computer HAL 9000 in *2001: Odissea nello spazio*, quando l'astronauta Dave Bowman, resosi conto della sua follia, inizia a disconnettere i vari moduli che costituiscono il suo cervello. Se tagliamo sempre più connessioni nel cervello di un essere umano, la persona cade in stato vegetativo. Un evento che si verifica in modo traumatico negli incidenti stradali più gravi, dove l'urto causa decelerazioni così violente – diciamo da 100 a 0 km/ora in frazioni di secondo – da recidere molti dei collegamenti presenti tra i neuroni.

La mancanza, o il numero limitato, di connessioni tra le parti che la costituiscono impedisce a una macchina di compiere operazioni che sono invece elementari per un essere umano. Torniamo all'esempio della fotocamera digitale, dove ogni fotodiodo è indifferente ai segnali degli altri. Se un uomo si fa fotografare con un bicchiere d'acqua in equilibrio sulla testa, non suscita alcuna reazione nella fotocamera. Se invece la scena è osservata anche da un bambino di pochi anni, suscita sorpresa e ilarità. La mente del bambino integra la visione e ne coglie gli aspetti incongrui, grazie al confronto con quanto a lui noto. Questo processo coinvolge parti differenti del cervello ed è portato a termine rapidissimamente. Ma per un computer percepire l'incoerenza di un bicchiere appoggiato sulla testa anziché su un tavolo è maledettamente difficile. Può diventare un'impresa impossibile – per un robot – rispondere alla domanda "Che cosa c'è che non va in questa foto?" se la foto ritrae Cicerone, un asino che vola, o addirittura un disco volante (di fronte al quale anche noi umani non avremmo un'opinione concorde).

Certamente di volta in volta possiamo istruire il computer a riconoscere l'incoerenza – ad esempio ricordandogli che gli antichi romani non scattavano foto – ma chiunque può facilmente convincersi che, combinando immagini, è facilissimo crearne di assurde, al punto da richiedere algoritmi di inimmaginabile complessità per la loro identificazione. Abbiamo quindi conferma di quanto osservavamo nel paragrafo *Essere o non essere: sei un cane o no?*: le immagini creano difficoltà ai robot. Un miglioramento nella loro comprensione potrebbe segnalare la nascita di una coscienza e permetterci finalmente di capire se gli androidi sognano solo pecore elettriche[24].

5. *Più di ieri, meno di domani*

C'è un altro aspetto che merita di essere approfondito circa il possibile sviluppo di una qualche forma di intelligenza in un computer. Per molto tempo si è creduto che il cervello fosse una struttura immodificabile, un centinaio di miliardi di neuroni collegati da una fittissima rete di sinapsi definita in modo immutabile al momento della nascita. Con il progredire della ricerca è invece diventato chiaro che specialmente nei primi anni di vita il cervello è tutt'altro che immobile: è plasmabile, o plastico come dicono i neuroscienziati, e si modifica a seguito di pressioni ambientali, cambiamenti fisiologici o *esperienze* avute nel corso degli anni[25]. Ci sono evidenze di plasticità cerebrale anche in età adulta, anche se è stata espressa cautela sul coinvolgimento delle aree che sottintendono alle funzioni mentali più elevate[26]. La neuroplasticità è un'arma a doppio taglio: è fondamentale nella formazione della memoria e nell'apprendimento ed è coinvolta nei miglioramenti spesso osservati dopo un danno cerebrale, ma indica anche che soprattutto i cervelli dei bambini sono estre-

[24] C. Koch, G. Tononi, *A Test for Consciousness*, in "Scientific American", CCCIV, 2011, pp. 44-47.

[25] A. Pascual-Leone, A. Amedi, F. Fregni, L.B. Merabet, *The Plastic Human Brain Cortex*, in "Annual Review of Neuroscience", XXVIII, 2005, pp. 377-401.

[26] P. Rakic, *Neurogenesis in adult primate neocortex: an evaluation of the evidence*, in "Nature Reviews Neuroscience", III, 2002, pp. 65-71.

mamente vulnerabili durante il loro sviluppo, specialmente a causa dell'influenza dell'ambiente in cui vivono, sorgente continua di stimoli.

Le modifiche che avvengono nel nostro cervello nel corso degli anni ci allontanano almeno parzialmente dalla struttura iniziale decisa dal genoma; quindi, alla classica domanda se intelligenti si nasce o si diventa, la risposta sembra essere che entrambi gli aspetti sono importanti e forse il secondo è spesso quello decisivo, come vedremo poco oltre. Questa conclusione serva di pungolo per lo studente scoraggiato da un insuccesso scolastico, come pure di monito per i Lucignoli che, pur di scansare le fatiche dello studio, sono pronti ad autoassolversi poiché "non dotati".

I computer non sono plastici: la loro architettura – l'insieme di scheda madre, memoria, processore, hard disk e circuiteria varia –, una volta assemblata, non è modificabile. Diventa quindi importante chiedersi se la loro rigidità può essere di ostacolo allo sviluppo di una coscienza robotica. Nell'uomo lo è. Specialmente nei primi anni di vita lo sviluppo delle attività superiori del nostro cervello – l'intelligenza, la creatività, l'istinto e le emozioni – è spesso deciso dall'interazione della persona con l'ambiente in cui vive. Il legame tra coscienza ed esperienza è noto in campo filosofico, o almeno fortemente sospettato, da diversi secoli. Sul finire del Seicento William Molyneux, spinto dall'improvvisa cecità della moglie, propose un esperimento ideale e ne suggerì il risultato al collega John Locke. Locke, che era anche medico, concorda con Molyneux e ne parla nel suo *Saggio sull'intelligenza umana*:

A questo proposito, parlerò qui di un problema sollevato da quell'ingegnoso e studioso promotore della conoscenza reale, l'erudito e degno Monsieur Molineux, che mi ha fatto l'onore di scrivermi qualche mese addietro: "Supponete un cieco nato che sia oggi un adulto, al quale si sia insegnato a distinguere mediante il tatto un cubo ed una sfera, dello stesso metallo e, a un dipresso, della stessa grandezza, in modo che quando egli tocca l'uno e l'altro, sappia dire quale sia il cubo e quale la sfera. Supponete che, trovandosi posati sopra una tavola il cubo e la sfera, questo cieco venga ad acquistare la vista. Si domanda se, vedendoli prima di toccarli, egli saprebbe ora distinguerli, e dire quale sia il cubo e quale la sfera". Il penetrante e giudizioso Autore di questo quesito risponde senz'altro: "No, poiché, sebbene questo cieco abbia appreso per esperienza in qual modo il cubo e la sfera colpiscano il suo senso del tatto, egli però non sa ancora che ciò che lo colpisce nel tatto in questa o quest'altra maniera debba colpire i suoi occhi in questa o quest'altra maniera, né che l'angolo prominente di un cubo che gli preme la mano in modo ineguale debba apparire ai suoi occhi così come esso appare nel cubo". Sono del tutto d'accordo con l'opinione di questo signore, che sono fiero di chiamare un amico [sebbene non abbia ancora avuto la fortuna di vederlo di persona][27].

Vari fatti confermano che Molyneux aveva ragione: coscienza ed esperienza vanno a braccetto. Ne citiamo un paio. Il neurologo Oliver Sacks ha riportato il caso di un cinquantenne che ha riacquistato la vista dopo quarantacinque anni di cecità. Virgil, questo il suo nome, "vedeva senza vedere": esattamente come una banale videocamera registrava i segnali luminosi ma non era in grado di associarvi alcun significato[28]. Era uno zombie, secondo il filosofo John Searle. Virgil, nonostante tutti gli sforzi della squadra medica che lo assisteva, non riuscì mai a "vedere" nel senso a noi familiare, cadendo in un profondo stato depressivo.

Un altro esempio di come l'interazione con l'ambiente che circonda un essere umano riesca a forgiarne la mente è narrato dal regista francese François Truffaut nel film *Il ragazzo selvaggio*, ispirato alla storia di Victor, un bambino che viveva nei boschi in completa solitudine nella Francia del XIX secolo. Dopo il suo ritrovamento, Victor venne esaminato da uno

[27] J. Locke, *Saggio sull'intelligenza umana* (1690), vol. I, Laterza, Roma-Bari 1994, pp. 146-147.

[28] O. Sacks, *Vedere e non vedere* (1993), in Id., *Un antropologo su Marte. Sette racconti paradossali*, Adelphi, Milano 1998² (ed. or. *To see and not see*, in "The New Yorker", 10 maggio 1993, pp. 59-73).

stuolo di medici e apparve subito gravemente compromesso nello sviluppo mentale, nonostante fosse stato capace di sopravvivere per diversi anni in condizioni di estrema precarietà. Questo elemento indusse a ritenere che il deficit cognitivo non fosse presente al momento della nascita, ma che traesse origine dalla pressoché totale mancanza di vita di relazione durante gli anni trascorsi nei boschi. Nonostante la giovane età e l'aiuto di numerosi medici e psicologi, Victor non riuscì mai a colmare i gravi ritardi nello sviluppo mentale che aveva accumulato durante i primi anni di vita.

Questi due casi provano che il tempo perduto nella formazione mentale, ahimè, non si recupera più: "sed fugit interea fugit irreparabile tempus". Sviluppare la coscienza è un processo complesso e molto lento che si svolge nell'arco di numerosi anni durante il primo periodo della vita, sfruttando la grande plasticità del nostro cervello. Questa iniziale elasticità del cervello via via si perde nel corso della vita, specialmente se non è tenuta in forma (anche solo allenandosi con la "Settimana Enigmistica"), rendendo difficoltoso l'apprendimento non tanto della meccanica quantistica, ma di atti che a noi paiono elementari come la visione.

Epilogo
Che cosa mi avevi chiesto esattamente?

I computer sono inutili.
Sanno solo dare risposte.

Pablo Picasso

Nel libro *Guida galattica per gli autostoppisti*, Douglas Adams si immagina un gigantesco computer, Pensiero Profondo, costruito dalla specie dominante per poter rispondere alla Domanda, ovvero la questione fondamentale riguardo la Vita, l'Universo e Tutto Quanto.

Dopo diecimila anni di calcoli, finalmente il calcolatore sa dare la risposta. Ma, premette Pensiero Profondo di fronte all'intera popolazione mondiale schierata, ho il timore che non vi piacerà.

E tu diccela, rispondono.

E va bene, la risposta è 42.

42 cosa?, chiedono i saggi. A quale domanda stai rispondendo, esattamente?

Non lo so, risponde il computer. Voi mi avete chiesto la risposta alla Domanda, ma non quale fosse la Domanda. Non appena troverete la Domanda, vi posso assicurare che la risposta è 42. Se non sapete la Domanda, non posso farci niente.

Dopodiché la folla, inferocita, provvede al linciaggio dei saggi.

Il problema principale, con i computer, è che molto spesso danno risposte, ovvero numeri, che vengono poi tradotti in significato. Ma per dare il significato corretto ai numeri che il simpatico agglomerato di circuiti ci sputa fuori, è necessario sapere esattamente che cosa gli abbiamo chiesto di fare. Il che potrebbe non coincidere con quello che gli volevamo chiedere.

A livello cognitivo, noi esseri umani cadiamo spesso nell'errore di sostituire una domanda di cui non conosciamo la risposta con una domanda più semplice; oppure parliamo per anacoluti, dando per scontato che il nostro interlocutore completi la frase. Tutto questo, il computer non lo accetta. Il computer risponderà pedissequamente alla domanda che gli avete fatto, senza chiedersi se per caso non intendevate specificare anche qualcos'altro, o senza completare automaticamente la frase a seconda delle vostre intenzioni.

Se fornite al vostro computer una vostra cartella clinica, completa di esami del sangue, e poi gli chiedete: "Visti e analizzati i miei valori clinici, che probabilità ho di morire?", lui vi risponderà: "Il 100%".

Invece di spaventarvi e di cominciare a scrivere una lunga lettera ai vostri cari, provate a riflettere. Provate a chiedergli: "Perché mi hai risposto così?", e lui vi dirà, semplicemente, "Perché sei un essere umano. Prima o poi, morite tutti".

Ecco l'inghippo, allora: gli abbiamo fatto una domanda troppo generica, confidando che il computer avrebbe messo in relazione corretta le due cose. Gli abbiamo fornito una cartella clinica e gli abbiamo chiesto che probabilità avevamo di morire – dato che la domanda e l'insieme di informazioni stanno nella stessa frase, abbiamo dato per scontato che il computer avrebbe capito le nostre intenzioni.

In realtà, il computer ha risposto così perché nella nostra domanda manca un elemento. Non gli abbiamo detto *entro quando* vogliamo che ci predica la nostra sorte. Noi volevamo sapere che probabilità abbiamo di dipartire *prematuramente*, ma il computer questo non lo sa – nessuno gliel'ha detto.

A questo punto, possiamo riformulare la domanda in altri termini: "Visti e analizzati i miei valori clinici, che probabilità ho di morire entro dieci anni?".

Adesso che il computer sa cosa volevate realmente chiedergli, probabilmente vi darà una risposta diversa. Vi dirà, auspicabilmente, "Lo 0%".

Al che voi potreste essere tentati di dire: "Grande! Posso stare tranquillo. Arriverò vivo alla laurea di mio nipote!".

In realtà, non è proprio così.

Potrebbe arrivarvi un vaso di gerani in testa.

Potreste rimanere coinvolti in una sparatoria.

Il vostro vicino di casa potrebbe essere il mostro di Milwaukee.

E questo il vostro computer non può saperlo. Perché nessuno glielo ha detto, o gli ha chiesto di calcolarlo.

Ci sarebbe un solo modo per saperlo. Trovare una regola scientifica precisa in grado di prevedere la probabilità che mi caschi un vaso di gerani in testa.

Noi umani siamo spesso preda di errori cognitivi, e questo è ormai noto. Al tempo stesso, grazie al metodo scientifico, siamo in grado di elaborare teorie capaci di prevedere l'esito di un particolare evento, che sia naturale o organizzato in laboratorio. Molto spesso, lo facciamo con l'ausilio di computer. E se il computer riesce a dare la giusta previsione, questo significa che siamo stati noi che lo abbiamo istruito bene.

Siamo noi che abbiamo compreso le regole secondo le quali funziona quel determinato fenomeno. Ciò che fa dare al computer il risultato giusto non sono i suoi meravigliosi nanochip e il suo velocissimo microprocessore; è tutto merito nostro, siamo stati noi che abbiamo tolto le mutande alla natura. Abbiamo capito qual era la giusta domanda da porre al computer, e per farlo abbiamo dovuto togliere di mezzo tutte le ambiguità, i dubbi, le possibili fonti di incomprensione.

È tutto merito nostro.

Grazie all'interazione con un mezzo stupidissimo, ma efficace, siamo in grado di valutare correttamente la nostra comprensione del mondo che ci circonda. Non lo facciamo con discorsi (che possono essere male interpretati), o con argomentazioni fumose e imprecise: lo possiamo fare solo con i numeri, e con il calcolo. Perché, come diceva Galileo,

> La filosofia è scritta in questo grandissimo libro che continuamente ci sta aperto innanzi a gli occhi (io dico l'universo), ma non si può intendere se prima non s'impara a intender la lingua, e conoscer i caratteri, ne' quali è scritto. Egli è scritto in lingua matematica, e i caratteri son triangoli, cerchi, ed altre figure geometriche, senza i quali mezi è impossibile a intenderne umanamente parola; senza questi è un aggirarsi vanamente per un oscuro laberinto.

Indice dei nomi

Annotazioni